有點煩的日子，一起畫畫吧！

療癒風
超手感電繪

4大技法 × 12種風格筆刷 × 60支示範影片

只要一支手機，
就能隨心所欲的自由創作

鄭斐齡 fuling 著

開始創作，
發掘更多生命的可能 ——————

小時候，你也喜歡畫畫嗎？ 或是你正在找尋生活中新的體驗，還是你好奇手機可以畫出什麼樣的圖像？無論如何，很高興你拿起這本書翻閱：）

在過去的實體教學經驗中，大多數的學員都是成年人。然而，他們並不是為了成為插畫家甚或轉職而學習畫畫，而是，他們通常有一個共通的生命經驗：「我以前很喜歡畫畫，但是家人反對，所以我選擇了其他的專業。現在生活穩定了，我想要重拾畫筆。」

聽到這樣的故事，我總覺得非常的感慨，卻也很替他們開心：能在長大後，試著找回以前感興趣的東西，這是一件很棒的事情。但這樣的心情，卻常受限於工具和媒材的限制，而無法一直持續下去。畢竟，要準備手繪畫紙和顏料，需要一些心力，更別說專業的電腦繪圖工具，其門檻就更高了，

話雖如此，創作的需求，依舊存在。

這次，很高興與境好出版，一起寫了這本書，提供想嘗試畫畫的人一個不同的選擇。原來，只要善用手邊的智慧型手機，就能恣意地創作。

謝謝編輯書宇的盡心盡力，沒有書宇就不會有這本書。

謝謝在我生命裡的人們和各種存在，每一個體驗和碰撞都很珍貴。
謝謝我的母親陳淑禎女士、謝謝陪伴我的樺、謝謝我的工作夥伴家維。

祝福各位讀者，可以跟著本書，運用簡單的工具，開始體會創作的樂趣：）

PART

03

電繪、手繪都適用！
4大進階練習

❘ SPECIAL BONUS

電繪的
基本認識與介紹

所謂「工欲善其事，必先利其器」，
開始前，一定要先熟悉電繪 APP 的基本功能。
因此，本章將介紹電繪 APP 的基本功能，
以及，12 種風格特色筆刷和 4 大基本技法，
讓你一畫就上手，來吧！開始畫畫囉！

簡 單 易 懂 的 繪 畫 APP

市面上有許多電繪軟體,而本書所選用的這款電繪 APP 是免費軟體,且不論是 IOS 或 ANDROID 系統皆能使用。此外,操作上與一般繪圖 APP 的界面相似,所以只要熟練它,之後要再挑戰其他繪圖 APP 都相當容易入手哦!

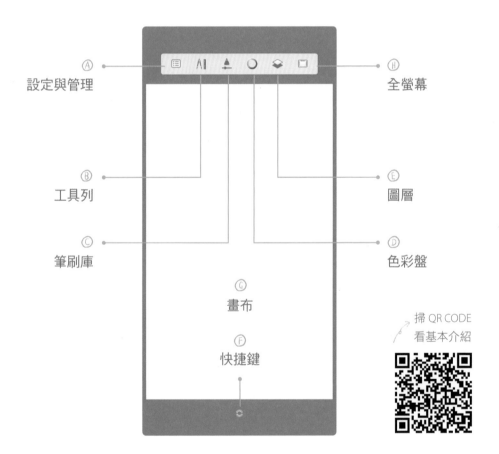

Ⓐ 設定與管理

Ⓗ 全螢幕

Ⓑ 工具列

Ⓔ 圖層

Ⓒ 筆刷庫

Ⓓ 色彩盤

Ⓖ 畫布

Ⓕ 快捷鍵

掃 QR CODE
看基本介紹

基本功能介紹

Ⓐ 設定與管理

一些設定與前置作業,例如:檔案管理、觸控筆、快捷鍵的設定等。

Ⓓ 色彩盤

選擇色彩的工具。

Ⓑ 工具列

繪圖時所需的好用工具,例如:對稱工具、幾何形工具、選取工具等。

Ⓔ 圖層

各種圖層效果與行動,例如:合併圖層、增加刪除圖層、複製圖層等。

Ⓒ 筆刷庫

各種不同效果的筆刷,例如:各式鉛筆、粉蠟筆、麥克筆、墨水筆等。

Ⓗ 全螢幕

可以將所有用具隱藏,留下乾淨的畫布,確認物件的整體樣貌。

設定與管理

從開啟檔案到基本設定，打造專屬個人化的電繪環境。

① 新建草圖

輸入長寬，按下建立，鎖打開可解除等比例。

這是個鎖

② 分享

儲存至手機，及發布社群。

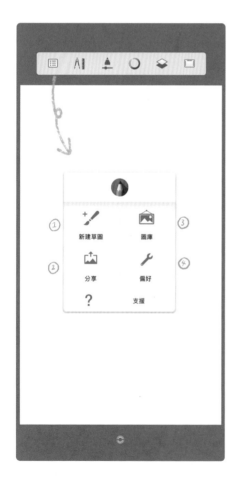

③ 圖庫

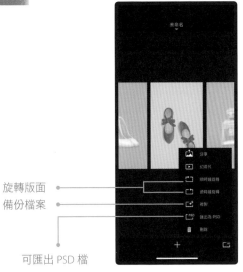

更動過後，記得按下
儲存草圖

旋轉版面
備份檔案

可匯出 PSD 檔

④ 偏好

長按啟動取色
器：打開吸取
顏色功能

三指快速鍵是很方便
的快速鍵工具，建議
均可開啟

需要藍芽連線的觸
控筆在此設定

旋轉畫布：很
容易不小心轉
到，所以我會
關上

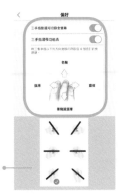

選擇畫起來比
較順手的方向

FUNCTION
B

工具列

學習運用方便的工
具,畫起來更加得
心應手。

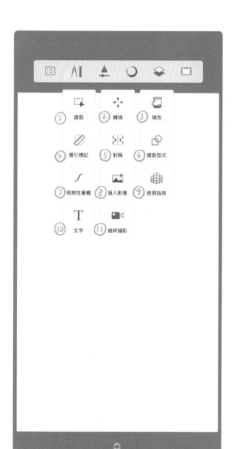

① 選取

以虛線選取物件後,可將局
部圖層剪下或複製。

② 轉換

用來移動物件,也能調整物
件形狀、旋轉物件方向,與
鏡射物件方向。

③ 填色

可以直接填出大片顏色。

④ 引導標記

用來輔助畫出工整的直線與
曲線。

⑤ 對稱

可以畫出兩邊、四邊,或多邊對稱的圖形。

⑥ 繪製型式

點選後,能精準畫出直線、圓形與矩形。

⑦ 預測性筆觸

能畫出更順暢的線條;可調整級數,數字越高越滑順。

⑧ 匯入影像

能將手機相簿中的照片或圖片,直接放進畫布中。

實際介面請看次頁

⑨ 透視指南

如果想畫出透視很正確的圖,可以開啟這個功能。

⑩ 文字

除了繪圖,也可直接打出文字,亦可改變字型、顏色、變形、鏡射等。

⑪ 縮時攝影

按下縮時攝影,就能將作畫過程錄下來,作為紀錄或分享給更多人。

翻到下一頁,來看看部分工具的實際介面示範!

✏️ 引導標記

調整節點的
方向,畫出
精準曲線。

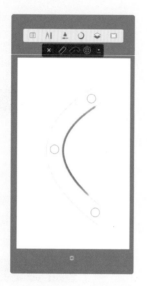

〰️ 預測性筆觸

看!線條是否
滑順多了!

T 文字

🖼️ 匯入影像

對稱

能輕鬆畫出
瓶器及各類
人造物件。

對稱工具也
能調成多邊
形,畫出萬
花筒般的有
趣圖案。

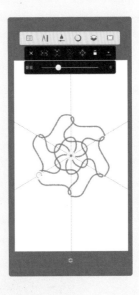

繪製型式

畫出精確的
形狀。

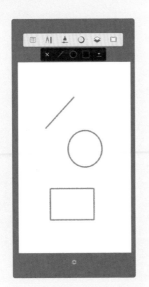

透視指南

輔助畫出單
點、兩點及
三點透視。

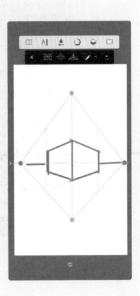

筆刷庫

來認識各種
有趣的筆刷
工具吧！

● AUTODESK SKETCHBOOK 內建豐富的
筆刷庫：手繪感、仿鉛筆、蠟筆、
墨水筆等。各式不同效果的筆刷，
在下一節會有更詳細的介紹。

● 筆刷使用上有許多參數設定能調
整，如筆刷透明度、肌理的疏密等，
不妨多嘗試看看，就能設定出自己
使用起來，最順手的獨特筆刷喔！

FUNCTION
D

色彩盤

如果熟悉 Photoshop 的
人，應該對這樣的色
盤界面不陌生。一起
畫出美麗的色彩吧！

- 和大多數的電繪軟體一樣，以色盤
  來選取顏色。

- 也可以直接選擇 RGB 的數值，精準
  選色。PART 2 的示範章節中，都會
  放上所使用的 RGB 色彩數值，幫助
  初學者解決選色的困擾。

FUNCTION
E
· ·

圖層

學會使用圖層,是畫
出手感電繪的重點。

＊ 長按圖層 2 秒,上方增加
圖層的 + 會變成垃圾桶,
可拖移要刪除的圖層。

● 若之前未接觸過任何電繪軟體,可
能會覺得圖層是一個陌生的概念。
但其實就是將畫面中的個別元素,
都分開來畫,這樣才能再調整每個
物件的位置與色彩。PART 2 的示範
章節都會教大家如何分圖層,新手
也不用擔心哦!

增加
圖層

眼睛開啟時,物件就
會出現在畫布中。

鎖上之後,塗色就不
會超出範圍,是很重
要的功能喔!

眼睛關掉,物件就不
會出現在畫布中。

可更改背景色。

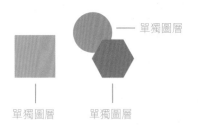

— 單獨圖層

單獨圖層　　　單獨圖層

Point
_____

繪製或移動時,都記得要檢查是否在
想要繪製的圖層中進行,以免畫錯。
_____

● 點出圖層的選項後，會有許多
基本功能像是複製、清除等。
特別提醒，如果選擇複製，必
須開新圖層再貼上，才不會貼
在同一個圖層內。

① 合併：將點選到的圖層與下
一個圖層合併，所以一次只
能合併兩個。

② 全部合併：將所有的圖層合
併，按下後全部的物件會合
併成一個圖層。

③ HSL 調整：調整色相、飽和
度、亮度。

④ 色彩平衡：調整色彩。

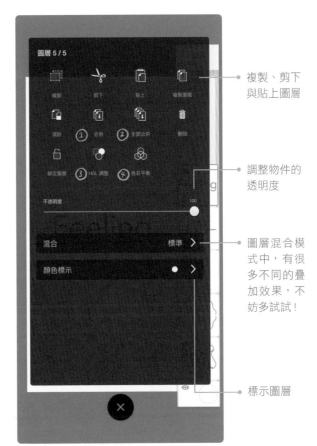

複製、剪下
與貼上圖層

調整物件的
透明度

圖層混合模
式中，有很
多不同的疊
加效果，不
妨多試試！

標示圖層

FUNCTION

F

快捷鍵

按下畫面最下方的這
個鍵就會出現下方這
個畫面；有幾個常用
的功能，推薦使用。

讓繪製過程
事半功倍的
功能！

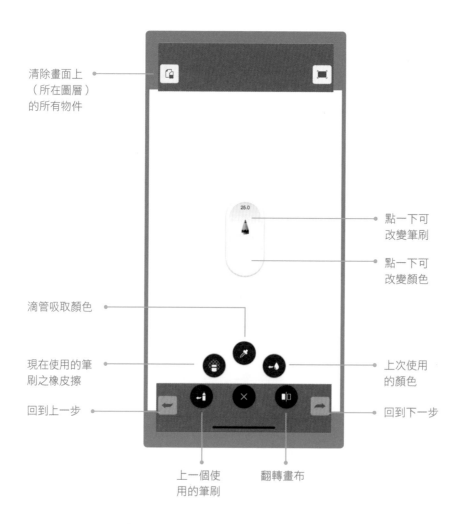

清除畫面上
（所在圖層）
的所有物件

25.0

點一下可
改變筆刷

點一下可
改變顏色

滴管吸取顏色

現在使用的筆
刷之橡皮擦

上次使用
的顏色

回到上一步

回到下一步

上一個使
用的筆刷

翻轉畫布

方便使用的 快捷手勢

① 手按著筆刷或顏色的 快捷鍵，上下左右移 動就能快速調整。

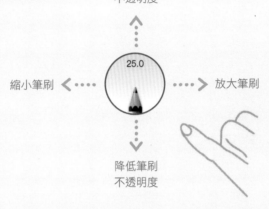

增加筆刷 不透明度

縮小筆刷　　　　25.0　　　　放大筆刷

降低筆刷 不透明度

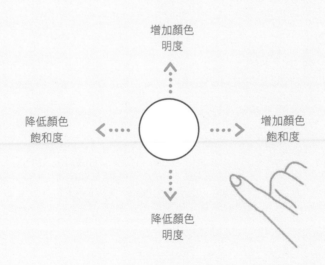

增加顏色 明度

降低顏色 飽和度　　　　　　　增加顏色 飽和度

降低顏色 明度

② 單指點在同一個位置 1.5 至 2 秒，可以直接吸取顏色。

③ 三指在畫面上點兩下，畫面會成為全螢幕模式；三指上下左右移動，也有不同功能，也可以自行設定常用功具。

叫出色彩盤

回到
上一步

回到
下一步

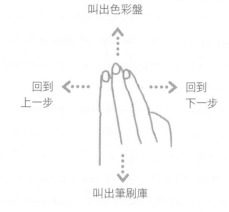

叫出筆刷庫

④ 放大與縮小畫布。

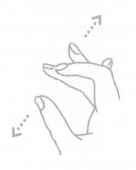

⑤ 如在⊕轉換工具的狀態下，即可放大、縮小與旋轉物件。

工具列的好用
5 大功能推薦

轉換

用來移動物件，以及調整物件形狀、旋轉物件方向，與鏡射物件方向。點了轉換後，以右邊手指手勢來調整物件大小。

預測性筆觸

手機繪圖仍有許多操控上的限制，所以開啟預測性筆觸，較能畫出漂亮的線條，但不是一定非使用不可。如果喜歡自由隨興的感覺，抖抖的線條也是一種風格。

對稱

很多人造物件都是對稱的，如書本、瓶子、房子等。人或動物的臉及五官也是，因此這個功能非常方便。然而，與預測性筆觸相同，也不是非使用不可，有時不對稱也有其趣味所在。

繪製型式

同對稱工具，繪製型式也是想畫出很工整物件時的好幫手。仔細拆解過後，會發現生活中的許多物件，都是由這些形狀所組成。

選取

相較於上面幾個工具，這個功能較不常使用，但由於它可以用於框出部分範圍，並複製、剪下或貼上物件，有時也相當好用。

繪製時的
溫馨提醒

提醒 ① 畫布範圍

畫的太靠近左右邊邊，線條會
失控，建議安全範圍大約為右
圖所示的虛線內。

畫布的
安全範圍

提醒 ② 記得存檔

使用「預測性筆觸」的時候，
由於需比較久的運算時間，因
此容易當機；這時將 APP 往
上滑，或重開即可，通常畫的
圖都還會在，不過還是按時存
檔，比較安全。

當掉時別慌張，APP
上滑重開就好了！

提醒 ③ 觸控筆的電力

無論是否有連接藍芽的觸控
筆，應該都需要充電，所以要
注意筆的電力，否則要畫畫
時，可能就沒電了。（關於觸
控筆的更多介紹，請見下一
篇。）

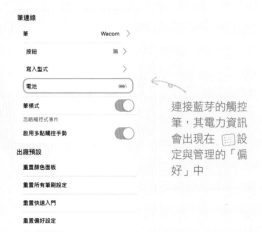

連接藍芽的觸控
筆，其電力資訊
會出現在 設
定與管理的「偏
好」中

提醒 ④ 偏好設定

前面有提到，我會將偏好設定
中的「旋轉畫布」關閉，主要
是因為繪製時手機會轉來轉
去，若畫布也跟著轉會有些干
擾。但這部分大家可依照自己
使用後的感覺，再設定出最適
合自己的偏好。

可依照自己使用
習慣來設定

畫起來更順手的小工具

觸控筆和保護膜，可說是手機電繪的必備工具；那要如何挑選呢？

手機電繪，雖然不需要像手繪一樣準備很多媒材，但建議還是要有一個基本工具，就是手機觸控筆。

坊間有各種形式的觸控筆，建議大家要找能試用，並實際在手機上操作過再購買比較保險。如果不方便去實體通路尋找，也可以考慮我用過覺得不錯的以下兩個品牌。

從這裡
充電

好用的觸控
筆推薦！

BAMBOO-FINELINE

決定做這個題目後，我跑遍大街小巷，試了各種手機觸控筆，終於找到這隻由 WACOM 出的 BAMBOO-FINELINE 觸控筆。

它的筆頭很細，且在眾多手機觸控筆中，是少數具有「感壓」功能，很適合用來繪製手機電繪。美中不足的，只有 IOS 系統能使用，小可惜。

開啟藍芽，讓筆與手機連接，才會有感壓

以旋轉的
方式開啟

筆頭可以收進去，避免撞壞

選購
建議

如果不知如何挑選，也可參考以下幾個簡單的標準，來選購適合繪圖的觸控筆喔！

盡量挑選一支「筆尖很細」的觸控筆，才能繪製出精緻的畫面，也較好操作。

像這種很粗的筆頭就不適合，只能拿來取代手指，滑滑手機。

至於這種有圓盤的也不適合畫圖，會看不清楚畫出線條的位置。

關於
感壓

沒有感壓的筆,其同一條線的筆劃粗細皆一致。

有感壓的筆,筆劃會因繪製力道而有粗細或深淺的變化。然而,即便沒有感壓,仍能透過調整透明度與筆刷大小,達到類似效果。

從這裡開啟與充電

ADONIT DASH 3

在我嘗試手機電繪的時候,剛好接到 ADONIT 這個觸控筆品牌的邀約,邀請我的頻道測試這支 ADONIT DASH 3 觸控筆。

這支觸控筆較 BAMBOO 的筆頭稍微粗一點,但也算是市面上筆頭比較細的款式,用來繪圖完全沒有問題。雖然沒有感壓功能,但 IOS 與 ANDROID 系統都能使用,且價格親民;如果是電繪新手,想要購入第一支觸控筆,我相當推薦這一支哦!

手機保護膜

大部分的人應該在原本使用手機時,就會貼一層保護膜。但在此還是提醒一下,如果原本沒有貼的人,想使用手機觸控筆在螢幕上畫畫,還是記得要貼一下,才不會刮傷手機螢幕。

手機保護膜沒有特別推薦的品牌,應該一般市面上常見的都可以。但不要貼太厚的,不然畫起來可能會比較不順暢。

12 款風格特色筆刷

電繪 APP 最大的魅力，就是在於不用買很多畫具，就能利用多樣的筆刷，
創造各式繪畫風格。現在，就一起來認識看看！

紋理：筆刷 3

這是我最常用的一支筆刷，也是這
款 APP 中很好上手的一支。它能做
出很隨興的筆觸，即使畫得比較工
整，也仍保有隨機的有趣肌理。非
常推薦大家從這支筆刷開始練習。

邊邊參差不齊
會有種手繪感

邊邊是霧霧
的點狀貌

紋理：迷彩

這款 APP 裡有許多這種帶有「茸毛
感」的筆刷，在表現可愛小動物或
是毛毛物件時非常適合，但光看名
字「紋理迷彩」應該很難想像它的
質感吧？哈！要畫動物寶寶時，就
用這支筆刷試試看吧！

邊邊的隨機感
是圓形呈現

油漆飛濺狀

油漆飛濺狀系列有好幾支不同的筆刷；這個系列筆刷，也是我覺得APP裡最有趣的筆刷。乍看會以為它是噴墨狀的肌理，但當它以小小的筆刷呈現時，它的效果有點類似「筆刷3」，會呈現有趣的隨機感。

上色時會有點狀縫隙的質感，若不喜歡可以多塗抹幾次

乾式麥克筆

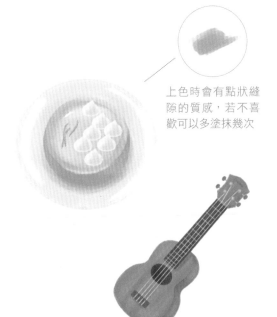

這支筆刷相較於前面幾支，是屬於邊邊比較光滑的，因此適合用來表現平滑的物件，或是希望呈現細緻風格時使用。我剛用到它時覺得太驚艷了！它模仿麥克筆容易堆疊的特性，使用上能輕鬆疊出滑順的層次，不需再用塗抹工具，非常好用。

邊邊的不平整
較為微小

這支筆刷畫出來的邊界較為平滑，
有點像是自來水墨筆的效果；上色
時，也比較容易將色彩填滿。想要
繪製帶有點塗鴉感的風格時，就相
當適合。

塗抹起來有點縫
隙，呈粉狀質感

9B 鉛筆

鉛筆在各種繪圖軟體中都很常見，
而在這款 APP 裡有各式各樣的鉛筆
樣式，它們呈現的質感都相當柔軟
細緻，也是一款很好上手的筆刷。
此外，9B 鉛筆最特別是它的頭是方
形的，在繪製堅硬物品層次時，能
創造出俐落的美感。

粉彩筆

粉彩筆繪製出來的效果與鉛筆有些類似，都是屬於粉狀肌理，但粉彩筆在肌理的表現上會更明顯，顆粒也較為粗糙。

有趣的不平整肌理效果

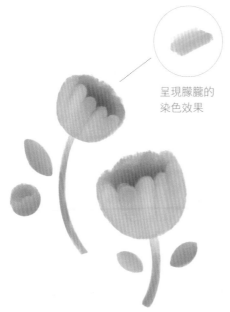

呈現朦朧的染色效果

細緻紋理

細緻紋理的 ICON 雖然看起來很像蠟筆，但其所呈現的效果，是類似廣告顏料或壓克力等厚塗顏料的感覺。我們能運用它的塗抹效果，疊出厚實柔軟的風格。

很適合表現水蜜桃
粉粉的點狀質感

這支筆刷是上一支細緻紋理的點點版本。ICON 一樣看起來像蠟筆，但卻是厚塗抹的效果，能慢慢疊出厚厚軟軟的層次。此外，因為它畫出來是點狀質感，也非適合用來呈現物件材質。

劃痕交織的線段
形成有趣的毛感

劃痕／Hr

劃痕

HR

這兩支筆刷看起來都是由很多細細小小的線所組成，但當它成為連續筆刷時，就能畫出有毛毛感的物件。然而，跟前面那支繪製企鵝毛感的筆刷又十分不同，髮絲的感覺更為明顯！

Hr 筆刷繪製出來
的效果更為柔軟

紋理碳筆／點線 2

所有層次都可以用這兩支點狀筆刷來繪製，非常非常的好用！一支點狀較大，一支點狀較細緻，透過它們的肌理，能輕鬆繪製出漂亮的層次。

紋理碳筆

點線 2

紋理炭筆除了層次過渡很順，也能增加質感

可以畫出很柔軟朦朧的層次

流量噴槍

若希望表現更柔和的層次，可使用流量噴槍這種噴霧感的筆刷。它所畫出來的層次完全沒有縫隙，能呈現出朦朧的霧感。

從線條開始熟悉電繪手感

線條是繪圖裡最基本的要素，所以就從線條開始練習吧！
除了隨意的塗鴉，也可以試試看從以下這些繪圖常用的線條開始。

橫線、直線、斜線，
是最基本的練習，
先試試看能否掌握
它們。

短短的線條，會
構成肌理的感
覺，也能製造出
不同的層次。

未開啟
預測性筆觸

開啟
預測性筆觸

波浪線條也經常使
用。另外也試試看
開啟與關閉「預測
性筆觸」的差別。

練習各種方向的密
集線條，以及圓點
構成的肌理。

sketch
BOOK 開啟
預測性筆觸

feeling

請試試寫出
手繪文字。

開啟
預測性筆觸

短短的C形、和S
形，也是練習的重
點喔！

用手機 APP 繪圖，在線條精準度的掌握上，仍比較有難度，所以我通常會以色塊做為主要表現的元素，再搭配線條呈現細節。

線條
這樣畫

植物的樹枝和葉脈，經常使用線條來表現。但它需要一氣呵成的畫完，因此十分考驗繪者對於線條的掌握度。

也經常使用線條來表現物件構造；這隻麻雀就在翅膀和尾巴運用了線條，畫出細節。

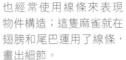

動物的毛髮也是一定要使用線條來呈現的重點。仔細觀察，就會發現貴賓狗的毛就是由許多 C 形與 S 形的線條所構成。

捲捲的電話線，也是有趣的線條表現。

適時加入手寫字，能讓物件看起來更精緻。

加上重點線條，暗示物件的結構與反光感，就能在簡單的物件上畫龍點睛。

從色塊開始繪製物件

色塊是繪製一個圖形的關鍵，除了將顏色填滿之外，
也有許多小技巧。一起來試試看下面的練習吧！

形狀

試著從上一個章節的線段，
變成一個面，再將它填滿。

如果無法一下筆就抓到想
要的形，可以運用「橡皮
擦」慢慢修飾形狀。

粗細

線條的粗細，也是上色的重
點。試著調整筆刷粗細，製
造不同的色塊效果。

細的筆刷能塗出富有
肌理與手感的效果。

粗的筆刷能將色塊填
的較為飽滿。

Feeling's Tips

形狀，是本書示範的關鍵技法之一，這其
實是一個手眼協調的訓練。試著先從簡單
的形狀開始練習、觀察與繪製吧！

樣式

可以運用筆刷的方向及線段長短，創造出完全不同的填色效果；小小的填色動作，也能創造物件的肌理。

長直線和橫線　斜線　短直線　捲曲的短直線

方向

上色時，筆刷方向應與物件形狀的走向相同，如此，不僅畫起來更順手，其肌理的呈現也會更協調。

色塊畫這裡

從最基本的蘋果開始！實際上，當你決定好形狀時，就已經決定了最後成果的八成了，所以基本色塊的繪製非常重要。

即使是葉子這樣比較瑣碎的物件，仍可先分析色塊的組成：畫出葉子色塊的疏密，再加上層次與枝幹。

繪製動物時，也能使用色塊原則。雖然有些人會先從頭開始，畫完再畫身體四肢，不過，如果對於形狀的掌握度不是那麼好，建議可先將整體基本形狀完成，避免越畫比例越歪。

運用疊色，讓物件更有層次

疊色的重點就是它的深淺變化，跟著以下的練習來試試看，
一步步熟悉手機電繪的疊色技巧。

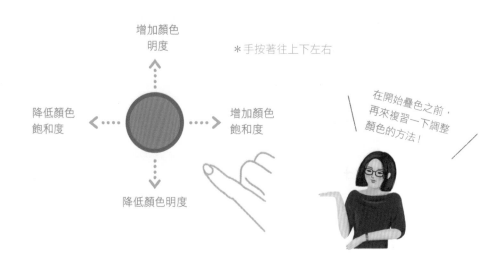

增加顏色明度

＊手按著往上下左右

降低顏色飽和度

增加顏色飽和度

降低顏色明度

在開始疊色之前，再來複習一下調整顏色的方法！

01/

有了固有色、較深、較淺
這三種層次，一個基本的
疊色效果就完成了。

較淺	固有色	較深
物件較淺 的層次	物件的 基本顏色	物件較深 的層次

02 /

試試看將這個變化的過程畫在同一個方塊內，並加上更多的深淺色階。

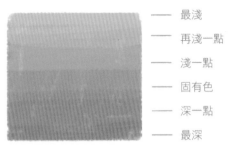

—— 最淺
—— 再淺一點
—— 淺一點
—— 固有色
—— 深一點
—— 最深

03 /

試試看用不同的筆刷，增加深淺層次。

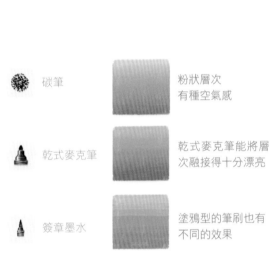

碳筆　　　　　粉狀層次
　　　　　　　有種空氣感

乾式麥克筆　　乾式麥克筆能將層
　　　　　　　次融接得十分漂亮

簽章墨水　　　塗鴉型的筆刷也有
　　　　　　　不同的效果

04 /

最後，也可以在塗完顏色後，再以有「融合」或「模糊」效果的筆刷，塗抹均勻。

藝術家
混合

塗抹後

塗污筆
筆刷組：基本

在選擇筆刷時，如果下方示意圖是像這樣黑白格子狀，代表它是「透明」筆刷，即可用來「塗抹」顏色。

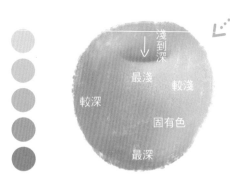

光線

淺到深

最淺　　較淺

較深

固有色

最深

同色系漸變

從最基本的圓形水果來練習，除了深淺層次之外，也要觀察光線的方向，才能畫出更合理的深淺變化。

不同色系漸變

除了同色系的疊色之外，有時也會有不同色系堆疊的物件，像是水果從綠轉粉，就需要疊上不同的顏色，這時就可用「碳筆」的點狀筆刷來堆疊，因為點狀的肌理較鬆，不會使得過渡色彩過於突兀。

實色的筆刷比較難融接不同顏色。

點狀筆刷因為有空隙，會有更好的漸變效果。

Feeling's Tips

要畫出美麗的疊色層次，最重要的就是在選擇顏色漸變時，讓它「慢慢的」漸變，就能讓顏色過渡的很順喔！

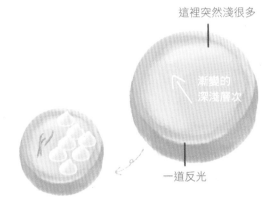

這裡突然淺很多

漸變的
深淺層次

一道反光

反光感的表現

除了同色階的深淺變化，
有時也會在物件上突然加
上亮很多的顏色。當物件
有一個很突出的反光顏色
時，物件就會看起來更加
立體。

筆刷的混合運用

除了色彩的掌握，也可以
多嘗試用不同粗細筆刷的
刷色效果，以及在同一層
次上使用一種以上的筆
刷，都能讓層次看起來更
加豐富、有變化。

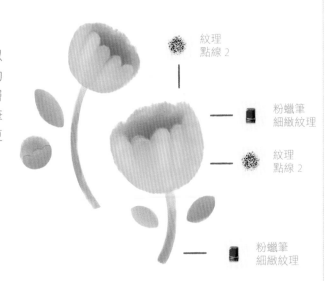

紋理
點線 2

粉蠟筆
細緻紋理

紋理
點線 2

粉蠟筆
細緻紋理

創造肌理使層次更豐富

上一篇觀察了物件層次的深淺變化後，接著，
再進一步觀察物件的材質，試著做出更多精緻的細節。

01 /

同一支筆刷調整大小後，
其肌理感覺也會不同。可
以多嘗試變化筆刷大小，
來增加層次與肌理。

 碳筆

較細的筆刷

中等的筆刷

較粗的筆刷

02 /

AUTODESK SKETCHBOOK
有許多有趣筆刷，能呈現
各種不同材質的感覺。

 碳筆

 粗碳筆

 Hr

斑點或石材的
質感

粗糙紋理的
紙質

毛茸茸的
材質

Feeling's Tips

因為 APP 裡的內建筆刷有限，但透過
觀察與多嘗試不同的筆刷，就可以融
合出自己想表現的材質喔！

03 /

也有一些基本紋理樣式，
像是點點、格線等，都能
增添物件的肌理質感。

 交叉
樣式

 格線
樣式

 點點

04 /

有些質感無法用現成筆刷
來完成，加入一些自己創
造的紋理或反光，就能豐
富物件表現。

 碳筆

 合成
油彩

 粉彩筆

反光感
的材質

畫出深淺線條
呈現木紋質感

粗糙石材
的質感

質感
的運用

運用點狀筆刷，
製造桃子皮短短
的毛茸茸質感。

也可以自己畫出
線條創造質感，
隨興的線條更能
呈現手繪感。

運用合成系列的筆刷，
加上 C 形與 S 形線條，
創造長毛的毛茸感。

用一個透明的
圖層，堆疊另
一個俐落的線
條圖層，就能
畫出玻璃質感
的物件。

以有點空隙的筆刷，與合
成筆刷畫出的線條，呈現
出粗糙木頭的質感。

刷出俐落的反光感，
就能表現出物件的堅
硬與光澤。

超好學！
適合電繪新手的 6 大主題

想要畫畫，卻不知道要畫什麼？
本章精選 6 大主題：
植物、動物、食物、雜貨、戶外用具和時尚單品。
每個示範都有難易度標示、暖身影片與圖解步驟，
現在就依照自己想畫的，或想挑戰的，開始吧！

難易度

 練習 01　青蘋果

從基本的形狀開始，
練習抓形、上色

/ 使用色彩 /

R 169　　R 129　　R 118
G 209　　G 178　　G 157
B 118　　B 69　　　B 64

R 193　　R 208　　R 149
G 224　　G 228　　G 128
B 153　　B 181　　B 105

R 172　　R 226　　R 149
G 146　　G 210　　G 128
B 117　　B 192　　B 105

掃 QR CODE
看影片暖身

/ 使用筆刷 /

Ⓐ
紋理
筆刷 3

Ⓑ
點線 2

Ⓒ
迷彩

/ 使用功能 /

Ⓓ
轉換

/ 圖層這樣分 /

55%

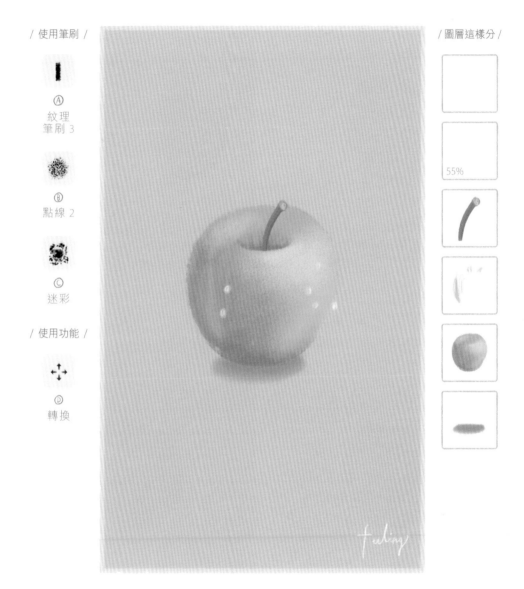

清甜又微酸澀的青蘋果，令人回憶起初戀
滋味。如果初戀使你難過，也只是那個對
的人尚未出現而已，不要太難以釋懷。

01

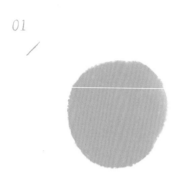

選擇 Ⓐ 筆刷，畫出一個蘋果的形狀。

02

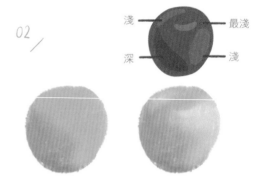

淺 ── 最淺

深 ── 淺

鎖住圖層，以筆刷 Ⓑ 先畫左邊深綠色，再用淺綠色畫右斜上方。

03

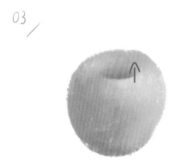

開新圖層，畫出放置蘋果蒂的形狀；越上方要越接近蘋果主體的顏色，畫出自然的漸層。

04

開新圖層，選擇 Ⓐ 筆刷，畫出蘋果的蒂頭。

05 /

開新圖層，選擇ⓒ筆刷，製造一些
蘋果表面的紋路。

06 /

finish!

開新圖層，選擇Ⓐ筆刷，畫出小水滴，點
一下圖層，降低透明度。再開新圖層，畫
水滴的反光。最後，另開新圖層，畫出陰
影，即完成。

PART

02

超好學！適合電繪新手的6大主題

Feeling's Tips

• 漸層如果接的不順，可以使用筆刷裡最下面一行的無
色筆刷 🖊🖊🖊🖊🖊🖊 輕輕塗抹，就會有很漂
亮的漸層囉！

難易度

練習 02　**水蜜桃**

運用複製貼上，
快速完成一個豐富的畫面

／ 使用色彩 ／

R 229
G 128
B 112

R 218
G 105
B 87

R 231
G 154
B 133

R 216
G 212
B 119

R 240
G 199
B 132

R 252
G 224
B 176

R 143
G 89
B 58

R 215
G 173
B 131

R 255
G 226
B 184

掃 QR CODE
看影片暖身

PART

02

超好學！適合電繪新手的6大主題

/ 使用筆刷 /

Ⓐ
材質鉛筆

Ⓑ
粉蠟筆
超粗糙

Ⓒ
無色
柔和筆刷

/ 使用功能 /

Ⓓ
預測性
筆觸

Ⓔ
轉換

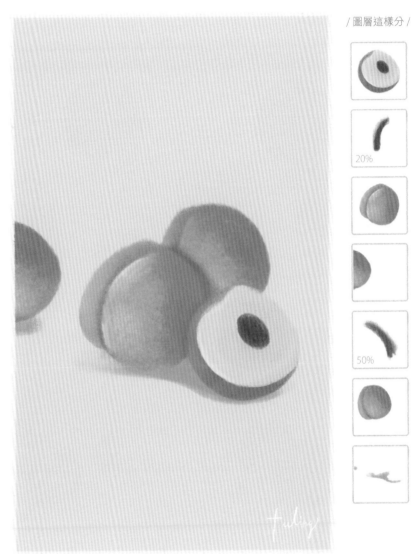

/ 圖層這樣分 /

20%

50%

在對的時機摘取下來，才會是一顆散發迷
人香氣的水蜜桃，所以「美好」的果實，
皆值得耐心等待。

01

選擇Ⓐ筆刷,點選螢幕上方工具列 AI 按下預測性筆刷,層級:3。畫出一個倒心形的水蜜桃形狀。

＊畫完形狀後,務必關閉預測性筆刷。

02

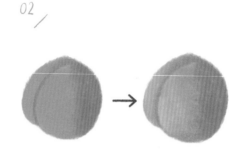

鎖住圖層,以筆刷Ⓑ將右側畫上深一點的紅,左側加上一點淺粉紅,並畫出一個C形。再加上一點草綠色,以筆刷Ⓒ塗抹出漂亮的漸層。

03

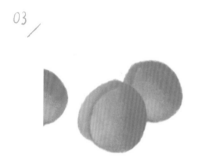

點一下畫好的第一顆水蜜桃圖層,按下 🗐 複製圖層,可複製兩個,或更多個。點選工具列 AI 選擇Ⓔ轉換工具,將複製的蜜桃旋轉,位於後方的可稍微縮小。

04

開新圖層,選擇Ⓐ筆刷,畫出一顆剖半的水蜜桃在前方,先畫粉色,再畫出粉黃的果肉。

05 /

在粉黃的果肉上，加上咖啡色的果核，同時，微調三顆水蜜桃的漸層和光影，使之更真實。另開新圖層，畫出桌面和水蜜桃之間的陰影。

06 /

finish!

開新圖層，放在蜜桃 1 與 2 圖層中間，刷出影子，透明度降至 30%。2 與 3 中間再做一次。另開新圖層，畫出桌面和水蜜桃之間的陰影，即完成。

P A R T

02

超好學！適合電繪新手的 6 大主題

\ Feeling's Tips /

- 預測性筆刷 ／ 可以畫出漂亮的弧線，但記得畫完要將它關掉，才不會影響之後上色的方向。

難易度 ///////

練習 03　　**尤加利葉**　　試試看用前面學到的
複製技巧，畫一株植物的葉子

/ 使用色彩 /

R 97　　　R 145　　　R 104
G 148　　　G 179　　　G 122
B 105　　　B 150　　　B 96

R 140　　　R 171　　　R 255
G 146　　　G 177　　　G 255
B 121　　　B 153　　　B 255

R 190　　　R 143
G 172　　　G 122
B 147　　　B 92

掃 QR CODE
看影片暖身

/ 使用筆刷 /

Ⓐ
粉彩筆

Ⓑ
材質
簽章墨水

/ 使用功能 /

Ⓒ
預測性
筆觸

Ⓓ
轉換

/ 圖層這樣分 /

線性加深

25%

65%

PART ─── 02 ─── 超好學！適合電繪新手的 6 大主題

乾燥的尤加利葉，仍保有迷人的味道；由
此可見，無論人、事、物，只要有底蘊，
都經得起時間的淬鍊。

01

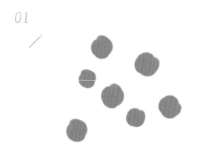

選擇Ⓐ筆刷，畫出一片葉子後，點一下圖層 ◻ 複製多個葉子。選擇工具列 AI 中的轉換工具 Ⓓ，調整每片葉子為不同大小和方向，點一下圖層，按下合併 ◼。

02

用步驟1的方法，畫出三種不同綠色的葉子；可參考前頁圖層分法繪製。

＊可開啟預測性筆觸抓形，但上色時記得關掉。

03

選擇筆刷Ⓑ，畫出尤加利葉的葉梗。

04

將三個不同綠色的圖層，以筆刷Ⓐ加上同色系較深的層次。再用筆刷Ⓑ畫出葉脈。

＊上色時記得鎖住圖層。

05 /

06 /

finish!

開新圖層，畫上白色紙條。再開新圖層於其下方，刷上陰影，點一下此圖層，在混合模式中，選擇線性加深。再另開新圖層，寫上文字。

＊關於混合模式請參考 P.19。

最後，開新圖層放在最下方，以筆刷Ⓐ刷上一點葉子們的陰影，即完成。

── Feeling's Tips ──

• 在這種有很多小物件的構圖中，最重要的就是讓所有小物件的方向、大小、疏密都有所變化，如此一來，畫面就不會呆板無聊。

難易度

練習 04 　罌粟花

嘗試用粉感筆刷，
表現一朵柔軟的花朵質地

/ 使用色彩 /

R 208
G 66
B 42

R 229
G 116
B 97

R 197
G 74
B 54

R 195
G 193
B 128

R 128
G 156
B 108

R 128
G 144
B 106

R 173
G 188
B 150

R 254
G 212
B 71

R 253
G 186
B 69

掃 QR CODE
看影片暖身

/ 使用筆刷 /

Ⓐ
傳統
油漆筆刷 3

Ⓑ
紋理碳筆

Ⓒ
傳統
油漆筆刷 4

/ 使用功能 /

Ⓓ
預測性
筆觸

Ⓔ
轉換

/ 圖層這樣分 /

PART ──

02

──

超好學！適合電繪新手的 6 大主題

作為鴉片原料的罌粟花，其同時存在著美麗和危險；關係中的許多決定，也總在一線之間，考驗著我們。

01 /

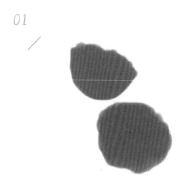

選擇Ⓐ筆刷，塗抹出整朵花的基本形狀。不需過於工整，保留形狀邊界粉粉的效果，更能表現花朵的柔軟。

02 /

使用Ⓐ筆刷畫出前方的淺色花瓣，以及花朵的皺褶。選擇Ⓑ筆刷再增加淺色及深色的肌理；在花朵的中心畫上淺綠色的圓形。

03 /

使用Ⓐ筆刷畫出黃色花蕊。再以同色系較深的橙色，加上一些層次。

04 /

選擇筆刷Ⓒ，並開啟 AI 工具列中的預測性筆觸畫出花梗。再以筆刷Ⓑ畫出較深與較淺的層次。

05

用筆刷 Ⓐ 加上一個小花苞，增加畫面的豐富性。再同樣以筆刷 Ⓑ 刷上一些深綠色，表現花苞的立體感。至花朵圖層，再畫上一些深色紋路。

06

finish!

在花苞上，加上一點黃色和綠邊的花蕊。最後，加強部分花朵和花梗的深色層次，即完成。

P A R T

02

超好學！適合電繪新手的 6 大主題

Feeling's Tips

- 在畫花朵的時候，可以讓前方的花瓣顏色明顯淺一些，更能明確表現出花朵的立體感，使花朵看起來更寫實自然。

難易度 / / / / /

練習 05　小黃花

用大大小小的圓形，
構出一束可愛的小黃花

/ 使用色彩 /

R 253
G 222
B 94

R 254
G 203
B 62

R 247
G 229
B 157

R 151
G 172
B 121

R 100
G 140
B 85

R 92
G 129
B 79

R 232
G 223
B 217

R 255
G 255
B 255

R 186
G 175
B 166

掃 QR CODE
看影片暖身

/ 使用筆刷 /

Ⓐ
紋理
筆刷 3

Ⓑ
紋理碳筆

Ⓒ
紋理迷彩

/ 使用功能 /

Ⓓ
預測性
筆觸

Ⓔ
繪製型式

Ⓕ
對稱

/ 圖層這樣分 /

75%

顏色加亮
40%

生活中，總有一些微小且容易被忽略的存在。然而，有時這些小小的存在，卻能為生活帶來美麗的點綴與無比的力量。

01

選擇Ⓐ筆刷，以工具列中Ⓛ繪製型
式之圓形⬛畫出一顆顆的黃色小圓
形。拉完◯框線，把繪製型式功能關
閉，再填色。

02

開新圖層，使用Ⓐ筆刷並開啟預測性
筆觸，用綠色畫出小花的梗。中間主
要的梗可以畫粗一些。

03

開新圖層，選擇筆刷Ⓒ，畫出一片
片的葉子，穿插在小花間，再用筆刷
Ⓑ以較深的綠色增加層次。

04

使用Ⓑ筆刷，選擇深一點的黃色點
出小黃花較深的層次；再用亮黃色，
點出小黃花上方較淺的層次。

05 /

06 /

finish!

分別至葉梗和葉子的圖層，加上更多深色的層次變化。把葉梗圖層放在小黃花的前面，再回到小黃花圖層，把突出的葉梗用小黃花的顏色覆蓋，營造更細微的穿插之感。

開新圖層，使用工具列中的 Ⓕ 對稱工具畫出花瓶，點一下圖層，調整為透明度 40；混合模式：顏色加亮。最後，再分別開兩個圖層：一個加上瓶子的白色光澤，另一個刷上陰影，即完成。

＊對稱工具請參考 P.13。

Feeling's Tips

• 盡量讓小圓圈的擺放，有疏有密、 大小變化，就能使
畫面看起來更加活潑豐富，進而提高精緻度。

難易度 ///////

練習 06　龜背芋

試試看減法的技巧，
原來橡皮擦也有大功用

/ 使用色彩 /

R 80
G 145
B 88

R 69
G 117
B 75

R 100
G 157
B 95

R 61
G 96
B 65

R 160
G 180
B 134

R 121
G 149
B 99

R 124
G 88
B 66

R 189
G 173
B 164

R 193
G 184
B 174

掃 QR CODE
看影片暖身

/ 使用筆刷 /

Ⓐ
9B 鉛筆

Ⓑ
紋理碳筆

/ 使用功能 /

Ⓒ
預測性
筆觸

Ⓓ
轉換

Ⓔ
對稱

/ 圖層這樣分 /

人生，其實就像龜背芋一樣，近看雖然充滿裂痕，但往後退一步看，卻是能提供陰影與庇護的美麗綠葉。

01

選擇筆刷Ⓐ，開啟預測性筆觸，畫出
三片有大有小的心型綠葉。再開一個
新圖層以較深的綠色，再畫出三片；
深色的圖層放在後方。

02

用筆刷Ⓑ分別在兩個圖層，加上一
些較深與較淺的層次。

03

以筆刷Ⓐ的橡皮擦，開啟預測性筆
觸，用擦除的方式，畫出龜背芋葉子
裂開的部分。

＊橡皮擦請參考 P.20。

04

開新圖層，選擇筆刷Ⓑ，一樣以預
測性筆觸，畫出葉梗，並以較深與較
淺的綠色，增添層次。

05

06

finish!

開新圖層放在下方，以筆刷 ⑧ 畫出
盆栽中的土。再開一個圖層放在土的
後方，以 ⑤ 對稱工具畫出盆栽。

＊對稱工具請參考 P.13。

開新圖層，畫出葉脈。最後，再開一個新圖
層，加上盆栽的陰影，即完成。

＼ *Feeling's Tips* ／

• 如果無法將葉子畫在同一圖層，可以先分開畫，確定
位置後再合併 ，也可用轉換工具 ✧ 調整位置，確
定位置後再依序上色。

難易度 //////

練習 07　　# 浪漫小花

用粉蠟筆的自然暈染效果，
輕鬆做出漂亮的色彩漸層

/ 使用色彩 /

R 231	R 212	R 197
G 154	G 97	G 76
B 140	B 94	B 72

R 237	R 247	R 249
G 166	G 206	G 213
B 158	B 197	B 162

R 112	R 88	R 154
G 178	G 152	G 204
B 109	B 82	B 151

掃 QR CODE
看影片暖身

/ 使用筆刷 /

Ⓐ
粉蠟筆
細緻紋理

Ⓑ
紋理
點線 2

Ⓒ
藝術家
混合

/ 使用功能 /

Ⓓ
轉換

Ⓔ
預測性
筆觸

/ 圖層這樣分 /

想將思念的心情，畫作柔美的小花，送給你；
願現在因為疫情而分隔異地的親朋好友們，
仍能透過電繪，傳遞彼此的思念之情。

01

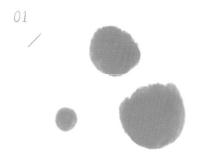

選擇Ⓐ筆刷,塗抹出三個接近橢圓的
形狀,上方留下一點筆觸,製造出花
瓣的不規則邊緣。

02

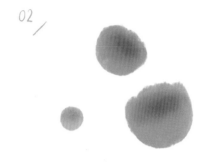

使用Ⓑ筆刷,選擇深一點的棕紅色
點出較深的層次,再用更深的紅色,
點在更小的範圍。

03

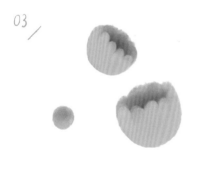

開新圖層,使用Ⓐ筆刷,筆刷大小可
以調成一個花瓣的大小,選擇較淺的
粉色,畫出一片片的花瓣。

04

改以筆刷Ⓑ輕輕點上更淺的顏色,
再刷上一點黃色,豐富層次。開新圖
層,選擇筆刷Ⓐ,並開啟Ⓔ預測性
筆觸,畫出花梗與葉子。

05 /

以筆刷 ⑧ 在花梗與葉子上增加一點
較深與較淺的綠色層次。

06 /

finish!

最後,在小花苞前,再新增一個圖層,同
樣加上綠色層次,即完成。

PART

02

超好學!適合電繪新手的 6 大主題

＼ Feeling's Tips ／

• 步驟 1 畫出形狀後,可用 ⑩ 轉換工具調整好位置與大
  小,再上色。
• 色階有不順的部分,可用筆刷 ⓒ 修順。

難易度 / / / / /

練習 08

草莓小花

運用一些簡單的排列技巧，
就能設計一張可愛的電子卡

/ 使用色彩 /

R 207	R 188	R 222
G 79	G 60	G 130
B 74	B 56	B 124

R 190	R 169	R 194
G 203	G 188	G 196
B 133	B 105	B 119

R 112	R 241	R 239
G 149	G 239	G 216
B 88	B 237	B 67

掃 QR CODE
看影片暖身

/ 使用筆刷 /

Ⓐ
9B 鉛筆

Ⓑ
粉蠟筆
超粗糙

Ⓒ
原點樣式 1

/ 使用功能 /

Ⓓ
轉換

Ⓔ
預測性筆觸

T
Ⓕ
文字

Ⓖ
選取

Ⓗ
繪製型式

/ 圖層這樣分 /

65%

70%

每日細心灌溉，你，終於開花結果；若能
秉持著灌溉植物的心，耐心地面對自己，
生命一定會有所不同。

01 /

選擇Ⓐ筆刷，畫出每個物件的位置，
將同色系的物件放在同一個圖層中。
過程中如需調整位置，可用Ⓒ選取
工具調整。

02 /

開新圖層，並開啟預測性筆觸，使用
Ⓐ筆刷，畫出葉梗。

03 /

以筆刷Ⓑ用同色系點綴出每個物件
中，較深與較淺的層次。再至葉子圖
層，畫出葉脈。

＊上色方式請參考 P.40。

04 /

開新圖層，選擇筆刷Ⓐ，開啟工具列
中的Ⓗ繪製型式的圓形，畫出草莓
的籽與白花的花蕊。接著，以Ⓓ轉
換工具調整方向。

開新圖層，放在最下方，選擇筆刷
◎，畫出小圓圈，點綴底圖。

以Ｆ文字工具，在版面上加上文字，增添
畫面的豐富性，即完成。

Feeling's Tips

• 運用像「點點」這樣的肌理點綴，可愛度就會大幅提升。

• 排列裝飾插圖時，可以多放一些不同的元素，如此，版面
看起來會更活潑。

難易度 /////

練習 09　**多肉盆栽**　運用複製、調色、旋轉，
與縮放，輕鬆疊加豐富層次

/ 使用色彩 /

R 206
G 104
B 86

R 129
G 89
B 57

R 95
G 163
B 150

R 106
G 168
B 123

R 119
G 177
B 137

R 68
G 108
B 77

R 79
G 115
B 94

R 164
G 187
B 193

掃 QR CODE
看影片暖身

/ 使用筆刷 /

Ⓐ
粉彩筆

Ⓑ
紋理碳筆

Ⓒ
油漆
飛濺狀 3

/ 使用功能 /

Ⓓ
轉換

Ⓔ
預測性
筆觸

Ⓕ
選取

Ⓖ
繪製型式

/ 圖層這樣分 /

PART ——

02

——

超好學！適合電繪新手的 6 大主題

雖然存在於相同容器中，卻也能長出各自不同的美麗。每個人也一樣哦！別怕被容器侷限了，你一定有屬於自己的獨特。

01
/

選擇 Ⓐ 筆刷，以工具 Ⓒ 繪製型式的
圓形畫出一個盆器，點一下圖層，複
製另外兩個。

02
/

加上花苞的線條

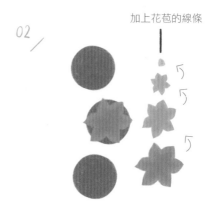

開新圖層，使用 Ⓐ 筆刷和 Ⓔ 預測性
筆觸畫出一個六角形。複製此圖層，
用轉換工具旋轉與縮小上方的六角
形，再以 HSL 調整色階。

＊調整顏色請參考 P.19。

03
/

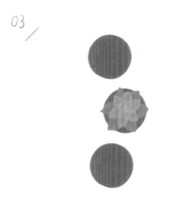

以步驟 2 的方法，將六角形們疊放在
一起，直到自己喜歡的樣子。想要再
做更多層，也沒問題。

04
/

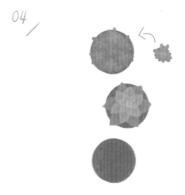

開新圖層，選擇筆刷 Ⓐ，畫出一顆散
狀的小樹叢；再複製多個此圖層，排
滿盆栽，亦可調整色階與大小。

05 /

開新圖層，選擇筆刷Ⓐ，畫出一個散狀多肉；接著複製圖層、旋轉方向、縮小，再調色。

06 /

finish!

開新圖層以Ⓐ筆刷，畫出淺色亮面和線條，點綴畫面。再開新圖層，用Ⓒ筆刷和Ⓖ繪製型式畫出盆器上方的泥土。最後，再開新圖層，用Ⓑ筆刷畫出陰影，即完成。

＼ Feeling's Tips ／

• 選擇不同形狀與顏色的多肉，排列在一起畫面會更好看，更豐富。

難易度 / / / / /

捧花

運用物件的堆疊與排列變化，
創作出一個更完整的作品

/ 使 用 色 彩 /

R 249 G 167 B 163	R 234 G 229 B 198	R 240 G 173 B 143
R 214 G 162 B 155	R 198 G 125 B 169	R 219 G 109 B 86
R 94 G 186 B 123	R 229 G 224 B 204	

掃 QR CODE
看影片暖身

/ 使用筆刷 /

Ⓐ
油漆筆刷 3

Ⓑ
藝術家
水洗筆

Ⓒ
紋理 Hr

/ 使用功能 /

Ⓓ
轉換

Ⓔ
預測性
筆觸

Ⓕ
選取

Ⓖ
繪製型式

/ 圖層這樣分 /

PART

02

超好學！適合電繪新手的 6 大主題

這一束捧花，就像是一個世界；因為存在
各種形狀和色彩，日子才會如此豐富、美
麗、有趣。

01

選擇Ⓐ筆刷，畫出一個圓形，開啟預
測性筆觸，以同色較深的顏色畫出玫
瑰花的花瓣走向，淺色畫出亮面，再
用Ⓑ筆刷修順顏色。畫好一個之後，
複製圖層，分別調整大小與顏色。

＊調色方式請參考 P.19。

02

開新圖層，使用Ⓐ筆刷，畫出貝殼形
狀的白色小花，以較淺的顏色畫出花
瓣。畫好一朵之後，複製多朵，調整
每朵的方向，讓它們呈扇形排列。

03

開新圖層，再畫一些不同造形的小
花，並以筆刷Ⓒ加上簡單的層次；
再複製多個，分別調整每朵花的方向
與顏色。

04

畫完所有元件之後，再將它們組合在
一起，盡可能讓排列中有各種不同的
形狀，大小和方向也要稍有變化，看
起來會更像花束。

05

開新圖層，選擇筆刷Ⓐ，畫出花束中的綠葉，並以筆刷Ⓒ加上層次，再加上葉脈。再開新圖層，以Ⓒ繪製型式中的直線繪製莖。

＊繪製型式請參考 P.15。

06

finish!

把花朵們和葉、莖組合在一起，最後在花梗上加上一條緞帶，即完成。

PART

02

超好學！適合電繪新手的6大主題

/ *Feeling's Tips* /

• 想畫出一束美麗捧花的重點，就是「善用圖層」讓花朵彼此有些不同的交疊，就會很漂亮。

• 顏色上，可以先設定一個主色調，如此，整體看起就不會太突兀。示範中的花束，是以橘紅、粉紅色為主色調，再以一些米白和紫色做搭配，以及點綴上綠葉。

難易度

練習 01　小海豹

第一次畫動物？那就先來學習
如何畫出毛茸茸的軟棉感

/ 使用色彩 /

R 230　R 247　R 94
G 233　G 247　G 91
B 215　B 240　B 88

R 75　R 246　R 219
G 73　G 213　G 234
B 70　B 210　B 243

掃 QR CODE
看影片暖身

/ 使用筆刷 /

Ⓐ
紋理 Hr

Ⓑ
9B 鉛筆

Ⓒ
紋理碳筆

Ⓓ
合成硬毛
圓筆刷

/ 使用功能 /

Ⓔ
轉換

Ⓖ
選取

Ⓕ
預測性
筆觸

Ⓗ
繪製
型式

/ 圖層這樣分 /

60%

毛茸茸的軟 Q 小海豹，看著牠就已經被療癒了。所以，不如來畫一隻專屬自己的療癒小海豹吧！

01
/

選擇 ⓒ 筆刷，畫出雪地的感覺。再
開新圖層用 Ⓐ 筆刷，畫出一個平放的
包子形狀。

02
/

鎖住步驟 1 的包子狀圖層，並以筆刷
Ⓓ，刷出毛茸茸的感覺。

03
/

開新圖層，使用 Ⓑ 筆刷與 Ⓗ 繪製型
式的圓形，畫出一顆眼睛。再以 Ⓔ
轉換工具調整方向，再複製另一顆眼
睛。接著，開新圖層，畫出鼻子。

＊複製請參考 P.19。

04
/

開新圖層，選擇 ⓒ 筆刷，畫出鼻子
下方黑影。開新圖層，以筆刷 Ⓑ 畫
鬍鬚。再開新圖層，畫出海豹的眉
毛。另外，再畫上眼睛的細節。

05 /

在鼻子的圖層，選擇 Ⓑ 筆刷和 Ⓗ 繪圖型式工具的圓形，畫出鼻子旁的點點。再開新圖層，以筆刷 Ⓒ 畫出海豹的腮紅。

06 /

finish!

在雪地的圖層，選擇 Ⓒ 筆刷，畫出陰影，即完成。

PART —— 02

超好學！適合電繪新手的 6 大主題

Feeling's Tips

• 畫動物的毛髮紋理時，要有點弧度，並且稍微錯開，畫起來才會自然漂亮喔！

難易度

練習 02

貓頭鷹寶寶

用鏡射工具就能快速
畫出動物的對稱部位

/ 使用色彩 /

R 120
G 63
B 55

R 239
G 220
B 212

R 69
G 49
B 45

R 240
G 230
B 182

R 251
G 250
B 227

R 199
G 157
B 143

R 108
G 83
B 76

R 129
G 101
B 94

掃 QR CODE
看影片暖身

/ 使用筆刷 /

Ⓐ
紋理劃痕

Ⓑ
紋理筆刷 3

/ 使用功能 /

Ⓒ
轉換

Ⓓ
預測性
筆觸

Ⓔ
繪製型式

/ 圖層這樣分 /

貓頭鷹寶寶睜著大眼睛，對所有的事物感
到好奇。歡迎來到這個世界！你呢？是否
仍對這個世界，充滿著好奇心呢？

01

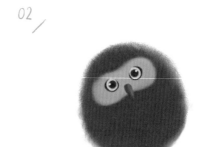

選擇Ⓐ筆刷，畫出橢圓形。再開新圖層，畫出一個眼罩。

02

以筆刷Ⓑ畫一顆眼睛，畫完後點一下圖層用🔲複製工具，複製另一顆，並用Ⓒ轉換工具🔲鏡射方向。接著，再開新圖層，畫出鳥喙。

03

以Ⓐ筆刷，在毛茸茸的橢圓形上，畫出一些毛茸茸的肌理，同時也在眼罩上，加上一些羽毛感層次。

04

開新圖層，選擇Ⓑ筆刷，畫出一隻爪子；和複製眼睛一樣的做法，也複製與鏡射另一隻爪子。最後，調整兩隻腳的方向，使之看起來更和諧。

05 /

選擇 Ⓐ 筆刷，於毛茸茸的橢圓形圖層上，在貓頭鷹的頭部再增加一些肌理，提高精緻度。

06 /

開新圖層，在最下方加上地面，讓貓頭鷹有站在地面的感覺，即完成。

PART —— 02 —— 超好學！適合電繪新手的 6 大主題

\ Feeling's Tips /

• 原則上，眼睛由三個圓型組成，而最後一定要畫上反光的亮點，看起來才會炯炯有神喔！

難易度 / / / / /

練習 03　**小企鵝**

用對筆刷，簡單的色彩
也能創造出柔軟的層次

/ 使用色彩 /

R 129 G 122 B 123	R 87 G 83 B 83	R 204 G 202 B 203
R 162 G 156 B 156	R 68 G 64 B 66	R 169 G 164 B 164
R 202 G 200 B 200		

掃 QR CODE
看影片暖身

PART —— 02 —— 超好學！適合電繪新手的 6 大主題

/ 使用筆刷 /

Ⓐ
紋理迷彩

Ⓑ
9B 鉛筆

Ⓒ
紋理碳筆

/ 使用功能 /

Ⓓ
轉換

Ⓛ
預測性
筆觸

Ⓕ
繪製型式

/ 圖層這樣分 /

圓滾滾的眼睛和身體，誰能抵擋小企鵝的這般可愛魅力呢？如果不知道要畫什麼，不如就畫小企鵝吧！

01

用Ⓐ筆刷，畫出企鵝的基本形狀。

02

在相同圖層內，以筆刷Ⓐ，畫出企鵝頭部的毛色變化。

03

再以Ⓒ筆刷，在小企鵝的身體上增添些許較深和較淺的顏色層次，畫出立體感。

04

開新圖層，選擇Ⓐ筆刷，畫出企鵝的翅膀。完成一邊後，點一下圖層，複製🔲另一邊的翅膀。

05 /

06 /

finish!

開新圖層，選擇 Ⓑ 筆刷，畫出腳的
形狀。完成一邊後，複製圖層，並用
Ⓓ 轉換工具中的 ▇ 鏡射方向，完成
雙腳。

開新圖層，以 Ⓑ 筆刷加上眼睛和反光；在
鳥嘴位置，畫出一條喙的細線。再開新圖
層，用 Ⓒ 筆刷加上雪地，即完成。

＼ Feeling's Tips ／

• 可以用有點像是一顆剖面水煮蛋的
　樣子，去思考小企鵝身體上色的方
　式，就能輕鬆畫出立體感。

難易度 //////

練習 04　**小麻雀**

用圖像式的風格，
畫一隻插畫的可愛小麻雀

/ 使 用 色 彩 /

R 225　　R 196　　R 158
G 210　　G 122　　G 111
B 207　　B 96　　 B 95

R 91　　 R 52　　 R 214
G 71　　 G 36　　 G 178
B 63　　 B 33　　 B 130

R 212　　R 217　　R 232
G 157　　G 155　　G 222
B 131　　B 140　　B 220

掃 QR CODE
看影片暖身

/ 使用筆刷 /

Ⓐ
飛濺狀

Ⓑ
合成平頭
硬毛筆刷

Ⓒ
紋理筆刷 3

/ 使用功能 /

Ⓓ
轉換

Ⓔ
預測性
筆觸

Ⓕ
繪製型式

/ 圖層這樣分 /

繪畫，就是一連串自我想像力的創造，所以只要願意開始畫，平凡無奇的小麻雀，也能變得超級可愛。

01

選擇Ⓐ筆刷，畫出兩個橢圓形，做為小麻雀的頭部和身體。

02

開新圖層，用筆刷Ⓒ，畫上翅膀與頭部的不同顏色。

03

接著以筆刷Ⓒ畫出翅膀紋理和胸口的毛色。再開新圖層，畫出小麻雀的尾巴。

04

開新圖層，選擇Ⓒ筆刷，畫出小麻雀的眼睛及鳥喙。開新圖層，畫出爪子，點圖層，以轉換工具複製另一隻爪子。

05

06

選擇 Ⓑ 筆刷，在身體圖層畫上羽毛，頭部和尾巴也要記得加上羽毛的線條。再開新圖層，以 Ⓒ 筆刷畫上小麻雀的腮紅。

finish!

開新圖層在最下方，畫上陰影，即完成。

\ Feeling's Tips /

· 以相似的色系搭配，就可以畫出很協調的可愛動物喔！

· 腳可以畫小一點，更能突顯出胖胖的可愛感。

難易度

練習 05　三花貓

善用大小與顏色搭配，
用一支筆刷，就能畫出許多變化

／ 使用色彩 ／

R 245
G 237
B 235

R 255
G 254
B 254

R 215
G 142
B 84

R 71
G 67
B 64

R 68
G 62
B 62

R 235
G 225
B 221

R 191
G 176
B 150

掃 QR CODE
看影片暖身

/ 使用筆刷 /

Ⓐ
粉彩筆

/ 使用功能 /

✛
Ⓑ
轉換

ʃ
Ⓒ
預測性
筆觸

/ 圖層這樣分 /

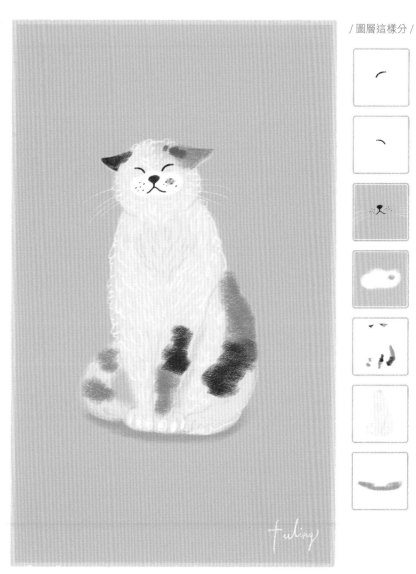

fuling

超好學！適合電繪新手的 6 大主題

在轉角遇見一隻慵懶貓咪，總能讓我在匆忙的步調中慢下來。你今天好嗎？有遇見能使你稍作喘息的事物嗎？

01

選擇Ⓐ筆刷,畫出貓咪的形狀。再開新圖層,畫出貓咪嘴巴旁的突起。

02

開新圖層,以筆刷Ⓐ(筆刷尺寸稍微調大一點),畫出三花貓的橘色和黑色花紋。

03

開新圖層,畫出其中一邊的眼睛,再複製另一眼。再開新圖層,畫出鼻子和嘴巴,及嘴巴旁邊的點點。最後,筆刷調小,畫出白色鬍鬚。

04

回到身體的圖層,選擇較身體顏色略深的灰色,勾勒出脖子旁的線條、四肢和尾巴。

05 /

同樣在身體的圖層，繼續以略深的灰色
與米白色，畫出貓咪根根分明的毛。如
果怕畫錯，也可另開新圖層繪製。

06 /

finish!

開新圖層，加上陰影，就完成一隻可愛的三
花貓了。

〜 Feeling's Tips 〜

• 步驟4的線條勾勒，在這種插畫風格的圖像表現上，可
　以更清楚表現出物件的形體，是常用的手法。

• 感覺很難畫，但其實還好喔！就大膽的畫下去吧！

難易度 / / / / /

練習 06　紅貴賓

掌握物件基本的形狀，
就能輕鬆表現毛捲捲的動物

/ 使用色彩 /

R 165
G 106
B 68

R 175
G 112
B 71

R 130
G 81
B 49

R 75
G 57
B 46

R 140
G 87
B 53

R 185
G 128
B 91

R 208
G 155
B 154

掃 QR CODE
看影片暖身

/ 使用筆刷 /

Ⓐ
刺青
墨水槍

Ⓑ
合成硬毛
圓筆刷

Ⓒ
流量噴槍

/ 使用功能 /

Ⓓ
轉換

Ⓔ
預測性
筆觸

Ⓕ
繪製型式

PART

02

超好學！適合電繪新手的 6 大主題

家中的毛小孩，永遠是世界上最可愛的存在，謝謝你們，陪伴著我們日常中的所有喜怒哀樂。

01

選擇Ⓐ筆刷，畫出貴賓狗的形狀。

02

筆刷
方向

在相同圖層，以筆刷Ⓑ用畫圓的方式，做出貴賓狗毛捲捲的樣子。

03

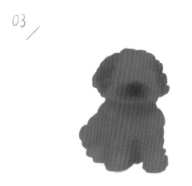

繼續在相同圖層中以筆刷Ⓒ，於鼻子周圍、耳朵與前腳中間，加上一些略深的顏色。

04

開新圖層，以Ⓕ繪製型式工具的圓形，畫出一邊眼睛後複製另一隻；可將兩隻眼睛的圖層合併。再開新圖層，畫出鼻子。

05/

06/

finish!

開新圖層，以筆刷Ⓐ畫出一根根較深的毛色。接著，再開另一個新圖層，畫出較淺的毛色。

開新圖層，加上陰影，放置於最底，就完成一隻可愛的紅貴賓了。

\ Feeling's Tips /

- 雖然貴賓狗長得很簡單，但只要在步驟 3 加上一點深淺層次，並加上步驟 5 狗毛的線條，就能畫出物體更豐富的細節和變化。

- 步驟 5 畫捲毛的過程，雖然看似不容易，但是只要經常練習，就會越畫越好哦！

難易度

練習 07　**小兔子**

掌握物件基本形狀，再搭配
漸層變化，寫實風也不困難

/ 使用色彩 /

R 232　　R 194　　R 220
G 224　　G 158　　G 178
B 226　　B 148　　B 181

R 196　　R 133　　R 111
G 153　　G 98　　G 92
B 136　　B 84　　B 85

R 252　　R 198
G 251　　G 183
B 251　　B 201

掃 QR CODE
看影片暖身

/ 使用筆刷 /

Ⓐ
紋理 Hr

Ⓑ
9B 鉛筆

Ⓒ
流量噴槍

/ 使用功能 /

Ⓓ
轉換

Ⓔ
預測性
筆觸

Ⓕ
繪製型式

/ 圖層這樣分 /

藕色、粉膚色和米白色，暈染著可愛兔兔
的軟毛，畫著畫著，心也跟著柔軟了，好
像所有挫折和煩惱都消失了。

01

選擇Ⓐ筆刷，用兩個圖層分別畫出兔子的頭部和身體：先上米白色，第二層再畫上粉膚色。可用筆刷Ⓒ塗上一點淡淡的粉色，增加層次。

02

在頭部的圖層，以筆刷Ⓑ畫上耳朵的粉色。再開新圖層，選擇筆刷Ⓐ畫出兔子臉頰與鼻子線條。

03

開新圖層，畫出一顆眼睛，再複製另一顆眼睛，以 鏡射工具完成。再開新圖層，用Ⓑ筆刷畫出鼻子的顏色與鬍鬚旁的點點。

04

開新圖層，以筆刷Ⓑ畫出兔子的腳掌。回到身體圖層，以米色線條，暗示兔子身體的結構，使之看起來更有立體感。

05 /

06 /

開新圖層，以筆刷 ③ 畫出一根根米白色的毛，藉以表現兔子的茸毛感。別忘了，也要加上一些鬍鬚。

finish!

開新圖層，以筆刷 ⓒ 加上可愛的腮紅。最後，在最下方開新圖層，加上陰影，即完成。

\ Feeling's Tips /

• 想表現出軟萌的感覺，就要盡量把形狀畫的圓潤一些。頭部、腳部和身體都圓圓的，再搭配毛毛的筆刷，就會非常可愛。

難易度 /////

練習 08 ## 羊駝

把陰影和亮面的位置處理好，
就能畫出澎澎的療癒毛感

/ 使用色彩 /

R 225
G 218
B 199

R 194
G 187
B 159

R 243
G 241
B 234

R 189
G 179
B 149

R 109
G 103
B 88

R 220
G 186
B 168

R 153
G 175
B 151

掃 QR CODE
看影片暖身

/ 使用筆刷 /

Ⓐ
紋理碳筆

Ⓑ
9B 鉛筆

/ 使用功能 /

Ⓒ
轉換

Ⓓ
預測性
筆觸

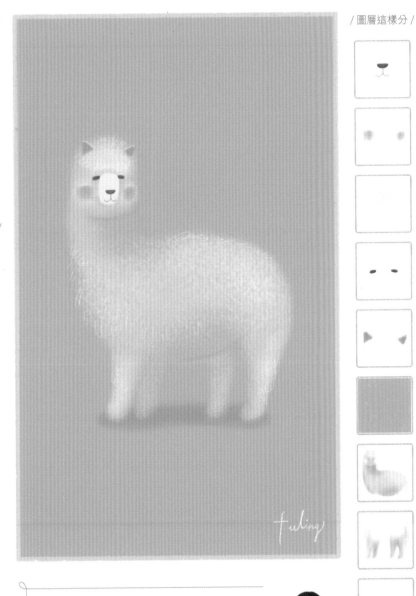

/ 圖層這樣分 /

一筆一畫，將軟軟捲捲的毛茸感畫出來的
當下，好像，也和自己的心，重新在一起
了。感覺很煩嗎？來畫畫吧！

01

選擇Ⓐ筆刷，畫出羊駝的身體。再開新圖層，畫出羊駝的腿，可以先畫一隻，再用複製畫出其餘的腿。

02

以筆刷Ⓑ，分別把耳朵、鼻子往前的塊狀、鼻子與嘴巴、眼睛，畫在不同的圖層。

03

回到身體的圖層，以筆刷Ⓐ畫出較深的層次。深色完成後，於同圖層內，再加上淺色層次。四隻腳的圖層，同上述步驟完成。

04

開新圖層，以筆刷Ⓑ加上一點活潑的毛茸筆觸。

05 /

筆觸

暗示肚子
的形狀

開新圖層,以筆刷 ③ 加上一點腮紅。
回到身體的圖層,加上一點暗示身體
形狀的線條,使之更有立體感。

06 /

finish!

最後於最底層,開新圖層,加上陰影,即完
成。

╲ *Feeling's Tips* ╱

- 掌握基本的陰影與亮面,就可以讓原本很平的色塊面,透
  過線條肌理,使毛有澎起來的感覺。
- 眼鼻口分別開不同圖層繪製,是在於若需要調整距離,就
  不需要重新繪製。若有自信能一次畫好,也可以畫在同一
  個圖層內。

難易度

 柴犬

利用點狀筆刷，
就能畫出毛茸茸的可愛毛孩

/ 使 用 色 彩 /

R 225
G 230
B 227

R 227
G 182
B 151

R 221
G 141
B 85

R 94
G 73
B 58

R 234
G 153
B 132

R 217
G 223
B 218

R 172
G 189
B 201

掃 QR CODE
看影片暖身

118

/ 使用筆刷 /

Ⓐ
油漆
飛濺狀 1

Ⓑ
筆刷 3

/ 使用功能 /

Ⓒ
轉換

Ⓓ
預測性
筆觸

/ 圖層這樣分 /

55%

看著柴柴的笑臉，所有烏雲都一掃而空，
不知不覺也跟著燦笑起來。如果能像毛孩
一樣無憂無慮，該有多好呢？

01

選擇Ⓐ筆刷,畫出柴犬的形狀。先分別勾勒出頭部、身體、腿部和尾巴,調整好比例,再合併圖層。

02

在步驟1的圖層,用筆刷Ⓐ先上淺橘色,再畫上略深的橘色,表現毛色的層次變化。

03

開新圖層,以筆刷Ⓑ畫出鼻子與嘴巴,眼睛可先畫一隻,再複製與▢▢鏡射另一隻眼睛,會比較對稱。

04

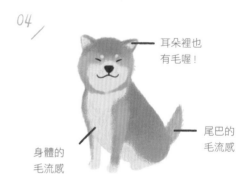

耳朵裡也
有毛喔!

尾巴的
毛流感

身體的
毛流感

開新圖層,選擇筆刷Ⓑ加上一些毛流的感覺,增加物件細節。腿部可以加上表現腳掌的線條;記得加上柴犬眼睛上的特徵,以及嘴巴旁邊的點點和鬍鬚。

05 /

開新圖層，用筆刷Ⓐ畫上可愛的圍巾。再開新圖層，以筆刷Ⓑ加上一點腮紅。

06 /

finish!

最後在最底層，開新圖層加上陰影，即完成。

> *Feeling's Tips*
>
> ・使用像這樣點點質感的筆刷，關鍵在於調整筆刷大小，筆刷大小所形成的點點疏密度，不僅能畫出毛小孩的毛流感，也會讓整體層次更有變化。

難易度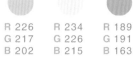

練習 10　**波斯貓**

練習畫長毛的動物，
試著掌握毛流的變化！

/ 使用色彩 /

R 189 G 162 B 136	R 172 G 150 B 121	R 209 G 195 B 173
R 163 G 189 B 145	R 114 G 120 B 107	R 139 G 121 B 103
R 226 G 217 B 202	R 234 G 226 B 215	R 189 G 191 B 163

掃 QR CODE
看影片暖身

/ 使用筆刷 /

Ⓐ
合成丙烯

Ⓑ
合成硬毛
圓筆刷

Ⓒ
粉彩筆

/ 使用功能 /

Ⓓ
轉換

Ⓔ
預測性
筆觸

/ 圖層這樣分 /

像貓咪一樣，慵懶且優雅地活著吧！人生
或生活，其實也只是這麼一回事而已，有
時，就輕鬆一點面對吧！

01
/

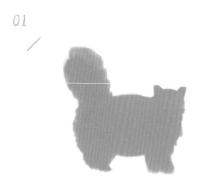

選擇Ⓐ筆刷,畫出波斯貓的形狀。

02
/

耳朵厚度

在相同圖層中,以筆刷Ⓑ刷上比底色深一點的顏色,再刷上淺的顏色,用相疊的方式,畫出毛流感,耳朵也要畫出厚度,使之更有立體感。

03
/

開新圖層,選擇筆刷Ⓒ,畫出貓咪的一隻眼睛,再複製另一隻並 鏡射調整方向。再開新圖層,畫出鼻子與嘴巴的線條。

04
/

回到步驟 2 的圖層,以筆刷Ⓒ加上臉部的層次:鼻子與嘴巴的後方畫較淺的顏色,頭部加上斑紋,嘴巴附近加一些點點。

05 /

回到身體圖層，在腿部和耳朵附近，再加上一些白色的毛，提高精緻度。另開新圖層，以筆刷◎加上鬍鬚。

06 /

finish!

最後在最底層，開新圖層加上陰影，即完成。

╲ Teeling's Tips. ╱

• 畫長毛動物的技巧，其重點是要表現出自然的毛流感，所以在刷毛時，要讓筆觸方向與粗細有些許變化，才會畫得好看、自然。

難易度

練習 01 **珍珠奶茶**

運用繪製型式，
輕鬆畫出一杯台灣美食

/ 使用色彩 /

R 203	R 190	R 212
G 179	G 157	G 188
B 145	B 118	B 162

R 118	R 110	R 244
G 96	G 89	G 236
B 73	B 68	B 230

R 246	R 223
G 233	G 181
B 95	B 168

掃 QR CODE
看影片暖身

/ 使用筆刷 /

Ⓐ
紋理
筆刷 3

/ 使用功能 /

Ⓑ
繪製型式

Ⓒ
轉換

Ⓓ
預測性
筆觸

/ 圖層這樣分 /

線性加深
70%

70%

70%

60%

60%

60%

疲憊、低潮、提不起勁的時候，必須來一
杯珍珠奶茶！感謝發明這個療癒食物的
人，帶給無數人重新出發的力量。

01

使用 Ⓐ 筆刷，用 AI 裡的 Ⓑ 繪製型式
的圓形工具 ◯，畫出上下各一個橢圓
形，再用繪製型式的直線 ▰，將兩個
橢圓形連起來，並塗滿顏色。

＊著色時，記得將繪製型式關掉。

02

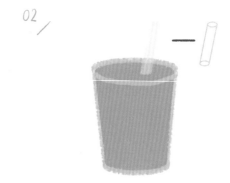

開新圖層，複製步驟 1 的杯子，將此
圖層放在步驟 1 的圖層下方，並稍微
拉大一點，調整 HSL，降低飽和度。
開新圖層，同樣用畫杯子的方式畫出
吸管，填完色後，將透明度降至 60。

＊調整 HSL 請參考 P.19。

03

開新圖層，使用繪製型式，畫出一顆
顆珍珠，並略加陰影增加層次，並將
珍珠圖層的透明度降低一點，看起來
會更像放在杯內。再於杯子的左右，
加上一點深色陰影。

04

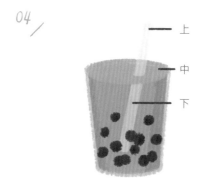

上
中
下

開新圖層，填滿杯蓋。複製步驟 2 的
吸管圖層，放在杯蓋下方。此步驟的
圖層排序，要同上圖所示，吸管才會
是放在杯子內哦！

05 /

開新圖層，畫出杯子的反光，點一下圖層，將混合模式選擇顏色加亮，透明度降至 70。再開新圖層，以繪製型式的 ◨ 畫上吸管的直線圖樣。

06 /

finish!

最後，開新圖層畫上杯底的陰影，就完成一杯好喝的珍珠奶茶了。

\ Feeling's Tips /

• 帶有透明感的東西，要用層層疊疊「調整透明度」的圖層繪製。雖然難度有點高，但是完成後會非常有成就感哦！不妨一起挑戰看看！

難易度 /////

練習 02　馬卡龍

運用調色的功能，
輕鬆做出不同口味的馬卡龍

／ 使用色彩 ／

R 198
G 215
B 184

R 163
G 184
B 144

R 119
G 145
B 100

R 228
G 178
B 185

R 205
G 140
B 148

R 174
G 103
B 109

R 231
G 211
B 192

R 197
G 163
B 130

R 177
G 140
B 109

掃 QR CODE
看影片暖身

/ 使用筆刷 /

Ⓐ
粉彩筆

Ⓑ
紋理碳筆

Ⓒ
油漆
飛濺狀 3

/ 使用功能 /

Ⓓ
繪製型式

Ⓔ
轉換

Ⓕ
預測性
筆觸

/ 圖層這樣分 /

線性加深

線性加深

超好學！適合電繪新手的 6 大主題

香甜繽紛的小點心，總能喚起無限少女
心。今天，要做莓果口味還是焦糖海鹽？
開心果好像也不錯！

01
/

使用Ⓐ筆刷，用 AI 裡的Ⓓ繪製型式
◯圓形工具，畫出一個橢圓形。填滿
顏色後複製一個在下方，點一下圖層，
將下方的橢圓調整為較深的顏色。

＊著色時記得將繪製型式關掉。

02
/

在下方橢圓的圖層上，加上一層馬卡
龍的內餡。

03
/

亮　深　中間色

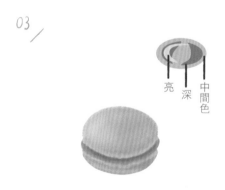

以筆刷Ⓑ畫出較深的層次，再疊上
較淺的層次；上下的餅都要記得畫。
再以Ⓒ筆刷，畫出馬卡龍有點不平
整的邊緣。

04
/

分別複製步驟 3 的上下餅皮。複製完
成後，將第二顆的馬卡龍餅皮圖層合
併，再複製出第三顆馬卡龍。

05 /

分別點一下第二顆和第三顆馬卡龍圖
層，調整 HSL 和色彩平衡，創造不同
的口味。接著，在三顆馬卡龍之間，
各開一個圖層加上陰影，點一下圖層
調整模式為：線性加深。開新圖層，
加上第一顆馬卡龍與桌面的陰影。

＊調色請參考 P.19。

06 /

finish!

以 © 筆刷分別至三顆馬卡龍的圖層，加上
更多餡料不平整的白色邊緣，使之看起來
更可口美味，即完成。

Feeling's Tips

• 繪製圓形物件時，將中間色、深色和最重要的亮色繪製
出來，就會有澎起來的效果，立體感十足。

難易度

練習 03　鬆餅

繼續運用繪製型式與調色功能，
畫出美味的鬆軟點心

/ 使用色彩 /

R 227
G 185
B 108

R 216
G 164
B 74

R 232
G 198
B 90

R 238
G 215
B 140

R 160
G 105
B 40

R 245
G 234
B 206

R 243
G 225
B 169

R 233
G 204
B 118

R 246
G 241
B 223

掃 QR CODE
看影片暖身

/ 使用筆刷 /

Ⓐ
油漆
飛濺狀 3

Ⓑ
紋理
點線 2

/ 使用功能 /

Ⓒ
繪製型式

Ⓓ
轉換

Ⓔ
預測性
筆觸

/ 圖層這樣分 /

PART ── 02

超好學！適合電繪新手的 6 大主題

蛋香、蜂蜜和奶油香……，美味的鬆餅彷彿枕頭包圍著我今天疲憊的心。嗯，覺得我又有力氣面對明天的挑戰了。

01

02

淺　　深

使用 Ⓐ 筆刷，用 AI 裡的 Ⓒ 繪製型式
◉圓形工具，畫出一個橢圓形，將它
填滿顏色。接著，複製一個到下方，
點一下圖層調成較淺的顏色。

＊著色時記得將繪製型式關閉。

＊調整色彩請參考 P.19。

使用 Ⓑ 筆刷，刷出較深的顏色，再疊
上較淺的顏色。上下方的餅皮，都要
分別畫出層次變化。

03

04

將畫好的兩層鬆餅，另外複製兩層。
如果要更厚的鬆餅，可以再複製更多。

開新圖層，以筆刷Ⓐ在鬆餅上畫一塊
奶油；為了讓它有立體感，側邊顏色
可加深，並畫出反光的亮色。

05 /

開新圖層，畫出楓糖漿的樣子，點一下圖層將透明度降至 55。完成後，再開一個新圖層，畫出糖漿的反光。

06 /

finish!

開新圖層，以筆刷Ⓐ畫出盤子，再以筆刷Ⓑ加上盤子與鬆餅間的陰影，即完成。

PART

02

超好學！適合電繪新手的 6 大主題

＼ Feeling's Tips ／

• 用有點不規則的筆刷來繪製，更能表現出鬆餅鬆鬆軟軟的質感，看起來更加美味可口。

難易度

 練習 04 可頌

運用深淺顏色的交疊，
就能使可頌看起來栩栩如生

/ 使用色彩 /

R 248
G 174
B 101

R 210
G 133
B 80

R 198
G 122
B 72

R 254
G 215
B 184

R 247
G 247
B 247

R 239
G 240
B 239

R 222
G 224
B 220

掃 QR CODE
看影片暖身

138

/ 使用筆刷 /

Ⓐ
紋理
筆刷 3

Ⓑ
紋理迷彩

/ 使用功能 /

Ⓒ
轉換

Ⓓ
預測性
筆觸

/ 圖層這樣分 /

線性加亮

淡化
50%

PART

02

超好學！適合電繪新手的 6 大主題

層層疊疊、鬆軟酥脆的美麗可頌，一口咬
下，豐富的層次與香甜口感在嘴裡爆開！
肥胖、熱量什麼的，明天再說吧！

使用Ⓐ筆刷，畫出可頌的樣子。

在相同圖層，畫上淺色紋路，再依序加上一些細線，表現可頌的酥皮感。

開新圖層，以Ⓐ筆刷畫出反光感，點一下圖層，將混合模式改成：淡化、不透明度50。再開新圖層，以Ⓑ筆刷，加上一層不同質感與亮度的反光，混合模式選擇：線性加亮。

開新圖層，以筆刷Ⓑ加上些許深色的陰影，使可頌看起來更立體。

05 /

開新圖層，以筆刷 Ⓐ 畫出盤子的形
狀；盤子的周圍顏色可略深，以表現
出盤子的立體深度。

06 /

finish!

開最後一個新圖層，以筆刷 Ⓑ 畫上可頌與
盤子間的陰影，即完成。

PART

02

超好學！適合電繪新手的 6 大主題

Feeling's Tips

• 在疊深色或淺色時，可以多開幾個圖層，運用不同的透
明度和筆刷，能使深淺的層次變化有更豐富的表現。

難易度

練習 05 ## 霜淇淋

運用兩種不同質感的筆刷，
交錯出美味的層次表現

/ 使用色彩 /

R 128　　R 168　　R 237
G 86　　　G 117　　G 176
B 67　　　B 93　　　B 92

R 230　　R 253
G 164　　G 218
B 76　　　B 169

掃 QR CODE
看影片暖身

/ 使用筆刷 /

Ⓐ
刺青
墨水槍

Ⓑ
紋理碳筆

/ 使用功能 /

Ⓒ
轉換

Ⓓ
預測性
筆觸

/ 圖層這樣分 /

45%

25%

超好學！適合電繪新手的 6 大主題

不論氣溫 35 度還是 5 度，我都無法抗拒霜
淇淋的誘惑；原因很單純：好吃！有時人
生也很單純，不要想太多，就去行動吧！

使用Ⓐ筆刷，畫出霜淇淋的樣子。

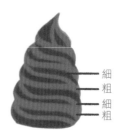

細
粗
細
粗

在相同圖層，以較淺的顏色，並開啟
Ⓓ預測性筆刷，畫出霜淇淋的紋路。
記得紋路表現要粗細交錯，看起來會
較為真實。

開新圖層，以筆刷Ⓐ畫出霜淇淋下方
的餅乾捲筒。

在同一圖層，以筆刷Ⓐ畫出餅乾的紋
路，再以筆刷Ⓑ刷上一些點點狀的
層次，使之更立體。

05

至霜淇淋圖層，以 Ⓑ 筆刷增加一些
深色與淺色的點點質感。

06

finish!

開新圖層，以筆刷 Ⓐ 加上霜淇淋的反光。
再開新圖層，加上餅乾的反光。最後，降
低兩個圖層透明度：20-40，即完成。

Feeling's Tips

• 紋理碳筆是一支非常容易做出漂亮層次的筆刷，只要畫
出至少三種層次：● 原本的顏色 ● 深色 ○ 淺色，物件就
會非常漂亮。

難易度

 練習 06 　花生醬

運用粗碳筆的紙質效果，
畫出可愛的標貼材質

／ 使用色彩 ／

R 189
G 135
B 88

R 204
G 162
B 125

R 162
G 110
B 65

R 85
G 179
B 184

R 134
G 207
B 212

R 169
G 232
B 255

R 228
G 84
B 70

R 250
G 234
B 95

R 249
G 252
B 252

掃 QR CODE
看影片暖身

/ 使用筆刷 /

Ⓐ
乾式
麥克筆

Ⓑ
材質
粗碳筆

/ 使用功能 /

Ⓒ
轉換

↺
Ⓓ
預測性
筆觸

/ 圖層這樣分 /

PART

02

超好學！適合電繪新手的 6 大主題

人生卡關了嗎？用香甜滑順的花生醬，
滋潤一下吧！濃濃稠稠，雖然有點小胖，
但心情開心最重要啊！

使用Ⓐ筆刷,畫出罐子的樣子。

開新圖層,同樣以Ⓐ筆刷,畫出蓋子; 再開新圖層,畫出標貼的底部。

一樣在標貼的圖層,以Ⓑ筆刷描繪 標貼上的細節;如果沒有把握,可以 將標貼上的細節都分開,於不同圖層 繪製。

在蓋子的圖層上,以Ⓐ筆刷畫出蓋子 的線條細節與深淺光澤。

05

在罐子的圖層上，用Ⓐ筆刷畫上罐身
上的深色陰影與反光部分。

06

finish!

開新圖層，以筆刷Ⓐ加上花生醬罐與桌面
的陰影，即完成。

╲ Feeling's Tips ╱

・像這樣有標貼的物件，只要細心的畫出標貼上的小細節
和文字，就會很可愛，精緻度也會瞬間提升。

難易度

練習 07　檸檬塔

運用乾式麥克筆的暈染效果，
輕鬆做出滑順的層次表現

／ 使用色彩 ／

R 236
G 171
B 39

R 249
G 199
B 98

R 255
G 227
B 62

R 255
G 249
B 231

R 242
G 231
B 154

R 116
G 177
B 67

R 232
G 238
B 228

R 255
G 255
B 250

R 181
G 190
B 178

掃 QR CODE
看影片暖身

/ 使用筆刷 /

Ⓐ
乾式
麥克筆

Ⓑ
材質
粗碳筆

/ 使用功能 /

Ⓒ
轉換

Ⓓ
預測性
筆觸

Ⓔ
繪製型式

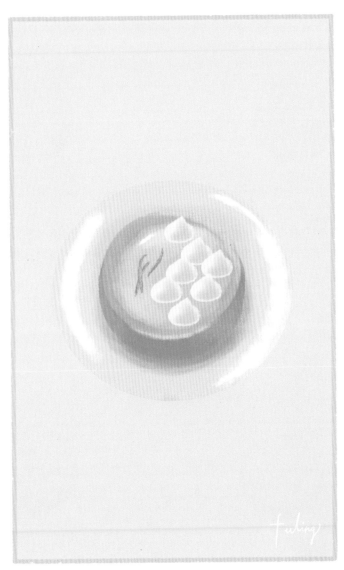

/ 圖層這樣分 /

線性加深

微苦的檸檬皮，襯托出檸檬塔的酸甜，這是大人才懂的人生滋味。就像有難過的存在，才顯得快樂更加珍貴。

01 /

使用Ⓐ筆刷，與Ⓔ繪製型式畫出一
個圓形；複製一個在上方，並調整為
較淺的顏色。接著，將兩個餅皮都稍
微加上一點層次。

＊調整色彩請參考 P.19。

02 /

開新圖層，以筆刷Ⓐ畫出檸檬醬，再
以較深與較淺的層次，畫出一些檸檬
醬的光澤。

03 /

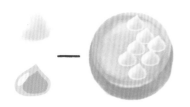

開新圖層，以筆刷Ⓐ畫出一顆奶油，
加上深淺層次。完成後，再複製多顆
奶油球，排列在檸檬塔上方。

04 /

開新圖層，以筆刷Ⓑ畫出檸檬絲，
並加上略淺的顏色層次變化。

開新圖層，以筆刷Ⓐ與繪製型式畫出
盤子的形狀，並於兩旁加上反光感；
檸檬塔下方則加上些許陰影。

finish!

開新圖層，以筆刷Ⓐ再增添一點檸檬塔和
盤子的反光。點一下圖層混合模式選擇：
顏色加亮，`混合　顏色加亮 >` 即完成。

╲ *Feeling's Tips* ╱

• 畫食物的時候，顏色是關鍵！只要抓到美味可口的顏
色，再搭配些許的顏色層次變化，就可以畫出療癒感十
足的食物插畫哦！

難易度

練習 08　　# 章魚燒

要堆疊很多佐料的食物
也不困難，來試試看吧！

/ 使用色彩 /

R 197　　R 132　　R 238
G 119　　G 79　　G 204
B 40　　　B 29　　　B 172

R 251　　R 250　　R 138
G 222　　G 205　　G 163
B 191　　B 162　　B 81

R 252
G 245
B 239

掃 QR CODE
看影片暖身

/ 使用筆刷 /

Ⓐ
油漆
飛濺狀 4

Ⓑ
刺青
墨水槍

Ⓒ
紋理碳筆

/ 使用功能 /

Ⓓ
轉換

Ⓔ
預測性
筆觸

Ⓕ
繪製型式

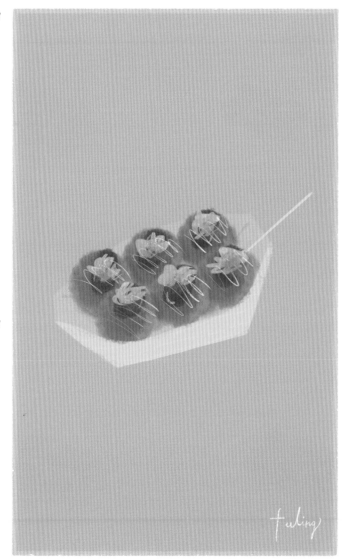

/ 圖層這樣分 /

80%

75%

無法出國玩的日子，也不要太沮喪。畫出想念的異國美食，回憶出國旅遊的快樂時光，也能作為一種小小的安慰啊！

PART —— 02 —— 超好學！適合電繪新手的 6 大主題

155

01

深 — 淺

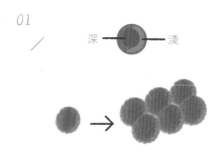

02

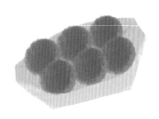

使用Ⓐ筆刷，畫出一顆章魚燒，並畫上較深與較淺的層次，完成後，複製另外五顆。

開新圖層，以筆刷Ⓐ畫出盒子的前方；再開新圖層，用較前方深的顏色，畫出盒子的後方。

03

04

開新圖層，以筆刷Ⓐ畫出每顆章魚燒上的醬油，點一下圖層，透明度改為75。再開新圖層，畫出醬油的反光。

開新圖層，以筆刷Ⓑ畫出柴魚片；再開新圖層，以筆刷Ⓒ點出上方綠綠的海苔。再開新圖層，以筆刷Ⓒ加上丸子間的陰影。

05 /

開新圖層，以筆刷 Ⓑ 和工具 Ⓔ 預測
性筆觸，畫出細細的美乃滋醬。

06 /

finish!

開新圖層，以筆刷 Ⓐ 與工具 Ⓕ 繪製型式的
直線，畫出竹籤，即完成。

Feeling's Tips

- 繪製很多個排列一起的物件時，要注意圖層的前後關係；
  可以讓後方的物件稍微小一點，以符合透視原理。如此，
  看起來才不會覺得比例怪怪的喔！

難易度

練習 09 **巧克力蛋糕** 善用特殊筆刷，就能繪出
更具特色的有趣插畫

/ 使用色彩 /

R 135	R 98	R 166
G 88	G 68	G 57
B 55	B 47	B 55

R 152	R 100	R 78
G 52	G 95	G 75
B 51	B 141	B 108

R 236	R 255	R 186
G 185	G 235	G 165
B 167	B 234	B 165

掃 QR CODE
看影片暖身

/ 使用筆刷 /

Ⓐ
造型
乾墨水

Ⓑ
紋理碳筆

Ⓒ
半色調
圓點樣式

/ 使用功能 /

Ⓓ
轉換

Ⓔ
預測性
筆觸

Ⓕ
繪製型式

fuling

/ 圖層這樣分 /

PART

02

超好學！適合電繪新手的 6 大主題

帶苦的巧克力和酸甜的莓果，就像有苦有甜的生活；因為有變化、有起伏，日子才會多采多姿！

使用Ⓐ筆刷，畫出蛋糕的基本形狀；
中間巧克力的部分，加上一些Ⓑ筆
刷的質感。再開新圖層，畫出兩條莓
果內餡。

開新圖層，以筆刷Ⓐ畫出上方的莓
果，再以筆刷Ⓒ加上一些紋理。完
成一顆後，複製幾顆並旋轉角度，排
列在蛋糕上方。

開新圖層，以筆刷Ⓐ畫出藍莓，同樣
複製數顆，裝飾巧克力蛋糕，此時，
可依自身喜好，調整內餡的顏色。

開新圖層，以筆刷Ⓑ和Ⓕ繪製型式
的圓形，畫出盤子；再以較深的顏色，
加上蛋糕與盤子間的陰影。

05 /

回到莓果圖層，加上一些反光，再開新圖層，以筆刷Ⓐ畫出流瀉的莓果醬。再開新圖層，以筆刷Ⓑ畫出莓果醬與蛋糕的反光。

06 /

finish!

開新圖層，以筆刷Ⓐ畫出叉子，並加上一點反光來表現叉子的厚度。回到盤子的圖層，以筆刷Ⓑ加上叉子的陰影，即完成。

Feeling's Tips

• 複製蛋糕上的水果時，記得要稍微變換角度或調整大小，才會讓畫面看起來更有變化，避免過於死板僵硬。這就是手感電繪的訣竅之一喔！

難易度

練習 10 **壽司**

注意視覺上的排列角度，簡單的構圖
也能創造出透視感十足的畫面

/ 使用色彩 /

R 247
G 246
B 246

R 248
G 154
B 112

R 82
G 64
B 56

R 227
G 114
B 62

R 252
G 232
B 121

R 234
G 248
B 249

R 206
G 222
B 225

R 87
G 168
B 59

R 89
G 164
B 50

掃 QR CODE
看影片暖身

/ 使用筆刷 /

Ⓐ
紋理
筆刷 3

Ⓑ
紋理碳筆

Ⓒ
粉蠟筆
細緻紋理

/ 使用功能 /

Ⓓ
轉換

Ⓔ
預測性
筆觸

Ⓕ
繪製型式

/ 圖層這樣分 /

在人生的迴轉壽司轉盤上，下一盤會是什麼呢？無論是黑鮪魚，或是肉鬆捲，都是獨一無二的存在。

01

使用 Ⓐ 筆刷，畫出壽司飯，再以 Ⓑ
筆刷（將筆刷調大一點）點出飯粒的
感覺，完成一個再複製另外二個。

02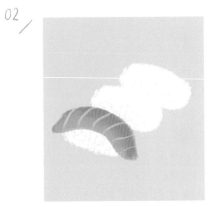

開新圖層，以筆刷 Ⓒ 畫出上方的鮭
魚肉，再用筆刷 Ⓑ 刷出鮭魚的深淺。
接著筆刷調小，加上魚肉的線條。

03

開新圖層，畫出海苔。再開新圖層，
以筆刷 Ⓒ 畫出一顆鮭魚卵，並加上
光澤；再複製數顆排在飯上。接著複
製海苔圖層，放在飯和魚卵的後面。

＊卵的圖層較多，排列完後可合併。

04

開新圖層，以筆刷 Ⓒ 畫出壽司上的
蛋，再以筆刷 Ⓑ 加上蛋的顏色層次。

05 /

開新圖層，以筆刷Ⓐ與Ⓕ繪製型式的圓形，畫出盤子；再複製一個盤子，點一下調整成較深的顏色。合併兩個圖層，再加上與壽司之間的陰影與盤子反光。

06 /

finish!

開新圖層，以筆刷Ⓐ與工具Ⓕ繪製型式的直線，畫出裝飾的塑膠葉和紋路，即完成。

超好學！適合電繪新手的 6 大主題

╲ Feeling's Tips ╱

• 繪製這樣的題材時，可以盡量選擇不同質感或形狀的物件，畫面排列起來會更加豐富、好看。

難易度 ///////

練習 01　兔子拖鞋

同樣是毛毛質感，也可用
不同的筆刷表現長毛與短毛喔！

/ 使用色彩 /

R 253
G 238
B 236

R 190
G 126
B 109

R 143
G 89
B 76

R 117
G 80
B 69

R 237
G 194
B 190

R 235
G 175
B 167

R 229
G 152
B 143

R 220
G 146
B 138

R 176
G 153
B 150

掃 QR CODE
看影片暖身

/ 使用筆刷 /

Ⓐ
紋理 Hr

Ⓑ
紋理迷彩

/ 使用功能 /

Ⓒ
轉換

Ⓓ
預測性
筆觸

Ⓔ
繪製型式

/ 圖層這樣分 /

穿上一雙小白兔拖鞋，給自己多一點溫暖和可愛，度過寒冷、寂寞的時刻吧！

01

陰影

陰影

使用 Ⓑ 筆刷畫出拖鞋的外層。再開
新圖層，畫出拖鞋的內層（放在外層
下方），外層與內層都要畫上一點陰
影，營造立體感。

02

開新圖層，以筆刷 Ⓑ 與工具 Ⓔ 繪製
型式的圓形，畫出兔子的眼睛和鼻
子。再開新圖層，先畫出一邊的耳
朵，再以 Ⓒ 轉換工具複製並鏡射
另一邊。

03

角度

將步驟 2 的一支拖鞋完成之後，複製
另一支。將其中一支移到後方，並微
微調整角度，使之看起來更自然。

04

開新圖層，以筆刷 Ⓐ 和工具 Ⓔ 繪製
型式的矩型，畫出地墊，並加上一些
深淺的紋路；紋路和旁邊的線條，都
是以 Ⓔ 繪製型式的直線來繪製。

05 /

以 ◎ 轉換工具裡的 D 梯形工具，（移動節點修改），把擺得直直的地墊，改成斜斜的。

06 /

finish!

開新圖層，以筆刷 B 畫出拖鞋的陰影，即完成。

╲ Feeling's Tips ╱

・兔子的五官可以先以繪製型式的
圓形工具，拉出三個橢圓，再將
它們轉成斜的，更好畫哦！

難易度 / / / / /

練習 02　**小蠟燭**

運用對稱工具與繪製型式，
就能簡單畫出工整的人造物件

/ 使用色彩 /

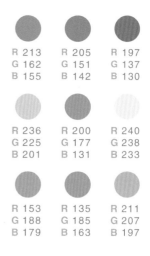

R 213　R 205　R 197
G 162　G 151　G 137
B 155　B 142　B 130

R 236　R 200　R 240
G 225　G 177　G 238
B 201　B 131　B 233

R 153　R 135　R 211
G 188　G 185　G 207
B 179　B 163　B 197

掃 QR CODE
看影片暖身

/ 使用筆刷 /

Ⓐ
粉彩筆

Ⓑ
半色調
交叉樣式

Ⓒ
半色調
圓點樣式

Ⓓ
材質鉛筆

Ⓔ
霓虹光暈

Ⓕ
舊式噴槍

/ 使用功能 /

Ⓖ
轉換

Ⓘ
對稱

Ⓗ
預測性
筆觸

Ⓙ
繪製
型式

PART ── 02

超好學！適合電繪新手的 6 大主題

/ 圖層這樣分 /

75%

燃起小小的燭火，為自己和他人帶來多一點點的溫暖。有時，人與人之間只要多一點點問候，就能拉近心與心之間的距離了。

01

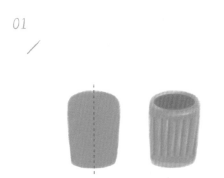

使用 Ⓐ 筆刷，與 Ⓘ 對稱工具畫出一個杯子的形狀，再用 Ⓙ 繪製型式的直線，加上一些條紋。開新圖層，以繪製型式的圓形，畫出上方的橢圓形。

＊對稱工具請參考 P.13。

02

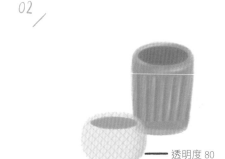

透明度 80

開新圖層，以筆刷 Ⓐ 畫出第二個瓶器，同樣以對稱工具繪製，用 Ⓑ 筆刷加上一些紋理（紋理可調整大小），再用 Ⓓ 筆刷加一點層次；同樣在上方開新圖層加上橢圓形。

＊調整紋理請參考 P.16。

03

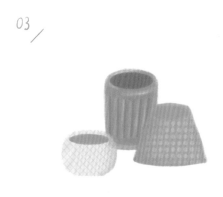

開新圖層，以筆刷 Ⓐ 與對稱工具畫出第三個瓶器，用 Ⓒ 筆刷加上紋理，以 Ⓓ 筆刷增加一點層次，同樣在上方開新圖層加上橢圓形。

04

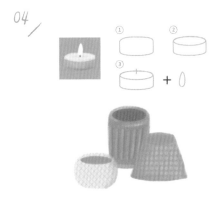

開新圖層，以筆刷 Ⓐ 畫出蠟燭。開新圖層以筆刷 Ⓔ 畫出火苗，再將兩個圖層合併。

05 /

擦掉一些

複製出三個蠟燭，放入瓶器當中，如果想讓蠟燭有放進去瓶器的視覺，可如圖示，將下方稍為擦除。

06 /

finish!

開新圖層放在最下方，用筆刷Ⓔ畫出光暈的感覺；可用筆刷Ⓕ染出一點黃色，並把透明度降至 75，即完成。

\ Feeling's Tips /

• 想要繪製光暈效果的物件，可以將背景設定成略深的顏色，更能凸顯出發光的視覺效果喔！

難易度 ///// /

練習 03　**咖啡杯**

使用繪製型式再加上部分的手感，
輕鬆畫出插畫風格的可愛小物

/ 使用色彩 /

R 255 G 240 B 235	R 242 G 219 B 212	R 227 G 179 B 165
R 217 G 156 B 138	R 206 G 148 B 139	R 247 G 226 B 218
R 226 G 221 B 218	R 241 G 237 B 232	R 196 G 190 B 154

掃 QR CODE
看影片暖身

/ 使用筆刷 /

Ⓐ
乾式
麥克筆

Ⓑ
紋理碳筆

Ⓒ
半色調
圓點樣式

/ 使用功能 /

Ⓓ
轉換

Ⓔ
預測性
筆觸

Ⓕ
選取

Ⓖ
繪製型式

/ 圖層這樣分 /

50%

暗化

覺得疲憊的時候，停下來，給自己一杯
咖啡的時間，放鬆身心，休息一下吧！
休息，是為了走更長遠的路。

01

＊先以繪製型式
的圓形畫出三
個橢圓，再將
它們連起來！

使用Ⓐ筆刷，與Ⓖ工具繪製型式的
圓形，畫出杯子的形狀；同樣以繪製
型式拉出杯深的橢圓，並加上一些紋
理。開新圖層，畫出杯子的手把。
（參考右頁下方的 TIPS）

02

厚度

開新圖層，以筆刷Ⓐ與繪製型式的圓
形，畫出盤子的形狀，並在邊上加一
些亮色，表現盤子的厚度；盤子中間
也加上杯子的陰影。

03

開新圖層，以筆刷Ⓐ畫出杯內的飲
料，並加上一些反光的層次。再開新
圖層，以繪製型式畫出一圈杯口。

04

開新圖層，以筆刷Ⓐ和繪製型式的方
形，畫出方糖的形狀，再以筆刷Ⓑ
加上方糖的質感。畫好後，再複製另
一顆，並稍微調整角度。

剪下

開新圖層，以筆刷Ⓐ和繪製型式的矩形和圓形，畫出湯匙的形狀。放置好位置，再將飲料內的湯匙以Ⓕ選取工具🅠剪下；開新圖層貼上，調整透明度為 50。

finish!

開新圖層，以筆刷Ⓒ與繪製型式畫出點點層次的影子。最後再開新圖層，放在最下方，以繪製型式的方形，拉出桌面填色，並加上一些陰影，即完成。

PART ── 02 ── 超好學！適合電繪新手的 6 大主題

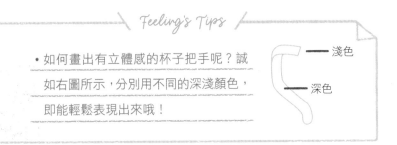

Feeling's Tips

• 如何畫出有立體感的杯子把手呢？誠如右圖所示，分別用不同的深淺顏色，即能輕鬆表現出來哦！

淺色

深色

難易度 ///// /

練習 04　**手沖咖啡組**

來練習畫畫看
堅硬材質的物件

/ 使用色彩 /

R 233　　R 215　　R 239
G 205　　G 188　　G 223
B 30　　　B 22　　　B 122

R 230　　R 143　　R 215
G 234　　G 108　　G 208
B 233　　B 89　　　B 186

R 179　　R 197　　R 162
G 171　　G 193　　G 175
B 168　　B 192　　B 177

掃 QR CODE
看影片暖身

/ 使用筆刷 /

Ⓐ
9B 鉛筆

Ⓑ
紋理
點線 2

/ 使用功能 /

Ⓒ
對稱

Ⓓ
轉換

Ⓔ
預測性
筆觸

Ⓕ
繪製型式

/ 圖層這樣分 /

看著熱水緩緩留下，並用細心和耐心，不疾
不徐的淬煉出的絕佳風味，是最值得等待
的。有時，慢慢來的事物，才令人回味。

01

使用Ⓐ筆刷與Ⓒ對稱工具，畫出瓶身。開新圖層畫出手把，再開新圖層畫出壺嘴。接著，把瓶身、手把與壺嘴合併為同一圖層。最後，再開新圖層，以Ⓕ繪製型式畫出蓋子。

02

分別在瓶身的合併圖層，和瓶蓋的圖層，以Ⓐ筆刷畫出深色的金屬質感。

03

在同一圖層，以筆刷Ⓐ畫出淺色的反光，再以Ⓑ筆刷將光澤的邊界，抹得更順暢自然。

04

開新圖層，以筆刷Ⓐ和對稱工具Ⓒ，畫出玻璃杯，調整透明度為 45。開新圖層，畫出杯子的光澤。開新圖層畫出把手和杯口。最後，再開新圖層畫出咖啡，透明度調整為 75。

05 /

開新圖層，以筆刷Ⓐ畫出手沖濾杯，
可用Ⓕ繪製形式工具來繪製。接著，
再開新圖層畫出濾紙，為它們分別加
上一點深淺層次變化。

06 /

finish!

開新圖層，以筆刷Ⓐ畫出影子，即完成。

\ *Feeling's Tips* /

• 繪製金屬或玻璃等堅硬材質的物件時，層次與光澤的線
  條，可以畫得較為俐落些。建議使用方形的筆刷，效果
  會更好喔！

難易度 / / / / / /

檯燈

使用繪製型式與旋轉的技巧，
畫出工整的人造物件

／ 使用色彩 ／

R 83　　　R 103　　　R 134
G 70　　　G 86　　　　G 113
B 70　　　B 85　　　　B 113

R 218　　　R 255　　　R 249
G 212　　　G 240　　　G 245
B 51　　　　B 128　　　B 215

R 220
G 202
B 164

掃 QR CODE
看影片暖身

/ 使用筆刷 /

Ⓐ
造型
乾墨水

Ⓑ
紋理碳筆

/ 使用功能 /

Ⓒ
對稱

Ⓓ
轉換

Ⓔ
預測性
筆觸

Ⓕ
繪製型式

/ 圖層這樣分 /

50%

PART ── 02 ──

超好學！適合電繪新手的 6 大主題

找不到人生中的那一盞燈嗎？與其拼命尋找，不如為自己點亮一盞，成為自己的光，同時也能照亮身邊的人。

01

使用Ⓐ筆刷，和Ⓒ對稱工具，以Ⓕ
繪製型式的圓形，畫出燈罩的基本形
狀，並加上內部淺色橢圓。再同樣以
繪製型式的圓形和矩形，加上扣環等
細節後，將燈罩轉斜。

02

開新圖層，以筆刷Ⓐ和Ⓕ繪製型式
的矩形，畫出細細的長方形；複製一
支，調整好它們的位置，再同樣以繪
製型式，畫上關節結合的扣環。

03

開新圖層，以筆刷Ⓐ和繪製型式的圓
形，畫出檯燈的底座。

04

開新圖層，以筆刷Ⓐ加上亮面層次，
再以筆刷Ⓑ將層次的過渡，刷得更
自然順暢些。

05 /

用點狀橡皮擦
擦出漸層

開新圖層,以Ⓐ筆刷畫出陰影。再開
新圖層,以筆刷Ⓐ與繪製型式的矩
形,畫出燈光的範圍,再以Ⓓ轉換
工具🅱將它拉成梯形,透明度調至
50;接著,使用Ⓑ筆刷的橡皮擦,
將下部擦除。

＊橡皮擦請參考 P.20。

06 /

finish!

開新圖層,以筆刷Ⓐ畫出桌面,即完成。

＼ Feeling's Tips ／

• 繪製光線時,要用有「漸漸消失」效果的點狀橡皮擦,
才能製造出自然的光感。

難易度

練習 06　**書本**

透過隨機間距變化的筆刷，
畫出縮小文字的感覺吧！

／ 使用色彩 ／

R 70	R 233	R 215
G 138	G 230	G 215
B 158	B 221	B 199

R 174	R 167	R 187
G 181	G 171	G 175
B 175	B 159	B 168

掃 QR CODE
看影片暖身

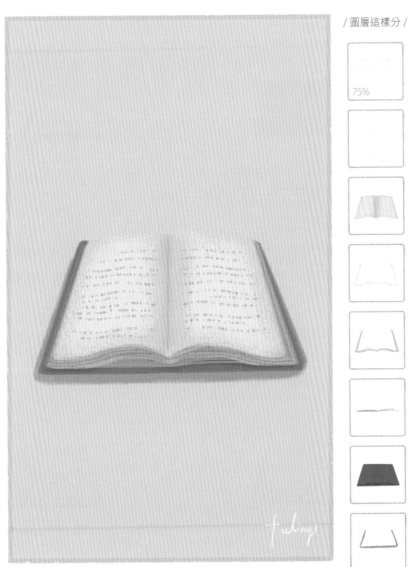

Ⓐ
粉彩筆

Ⓑ
紋理碳筆

Ⓒ
造型
乾墨水

/ 使用功能 /

Ⓓ
轉換

Ⓔ
預測性
筆觸

Ⓕ
繪製型式

/ 圖層這樣分 /

75%

PART —— 02 —— 超好學！適合電繪新手的 6 大主題

閱讀，是一種環遊世界的方式。當你感覺
生活被困住，或無法動彈時，不如挑一本
喜歡的書，沉浸其中吧！

01
/

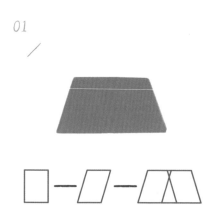

使用 Ⓐ 筆刷和 Ⓕ 繪製型式的矩形，及轉換工具 🔲，拉出一個傾斜的矩形；複製、鏡射出另一個，再將兩個之間的空隙連起來，完成基本圖形。

02
/

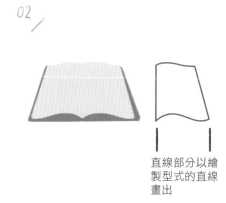

直線部分以繪製型式的直線畫出

開新圖層，以筆刷 Ⓐ 畫出上方的紙張，畫好一頁點一下圖層複製另一頁，再用 Ⓓ 轉換工具中的鏡射 🔳，擺放好另一頁。

03
/

開新圖層，以筆刷 Ⓐ 畫出下方的紙張；可多疊幾層色彩。上方再開新圖層，加上暗示書本攤平的分線。

04
/

開新圖層，以筆刷 Ⓑ 在紙張的圖層，加上一些深色的層次；底下的藍色也畫上一些陰影變化。

05

開新圖層，以筆
刷 ⓒ 畫出書本
上文字的感覺。
進入筆刷設定將
流量隨機、旋轉
隨機及間距隨機
調大。

06

finish!

開新圖層，以筆刷 ⓑ 畫出書本的陰影，即
完成。

＊筆刷設定請參考 P.16。

＼ *Feeling's Tips* ／

• 繪製這種平鋪物件時，要注意它的透視法：上方窄、下
　方寬、近大遠小；這樣看起來才會像真的放在桌上，不
　會覺得哪裡怪怪的。

難易度

練習 07　**紙膠帶**

運用不同花紋的筆刷，
畫出可愛的圖樣

/ 使 用 色 彩 /

R 222 G 158 B 141	R 217 G 138 B 116	R 200 G 214 B 219
R 158 G 211 B 131	R 114 G 214 B 218	R 250 G 253 B 249
R 235 G 247 B 150	R 123 G 178 B 178	

掃 QR CODE
看影片暖身

/ 使用筆刷 /

Ⓐ
主要鉛筆

Ⓑ
材質
軟式粉臘筆

Ⓒ
半色調
圓點樣式

Ⓓ
半色調
格線樣式

Ⓔ
半色調
星形樣式

/ 使用功能 /

Ⓕ
轉換

Ⓖ
預測性
筆觸

Ⓗ
繪製型式

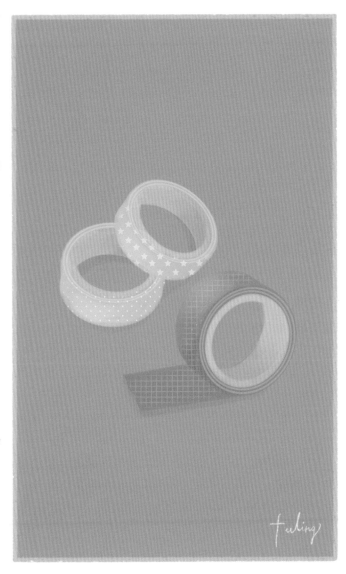

/ 圖層這樣分 /

65%

30%

85%

PART
02
超好學！適合電繪新手的 6 大主題

你是紙膠帶控嗎？可愛的小東西，總能為
生活帶來不同的小樂趣，而積累的小樂趣
們，又能打造出大大的幸福感。

01

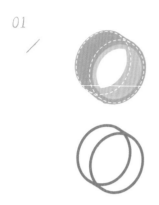

使用Ⓐ筆刷,與Ⓗ繪製型式的圓形,
畫出兩個橢圓形。接著,將它們轉
斜,並填上色彩。

02

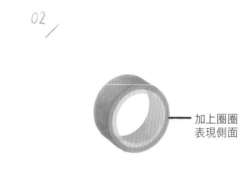

加上圈圈
表現側面

使用Ⓑ筆刷,加上一些深淺的層次。
開新圖層,使用繪製型式的圓形加上
幾條細線和內側陰影,表現紙膠帶的
側面,再將這些圖層合併起來。

03

點一下圖層,複製出第二個紙膠,以
Ⓕ轉換工具旋轉它並擺放好,再點
一下圖層調整它的顏色。

＊調整顏色請參考 P.19。

04

同步驟 3,再複製一個紙膠並調整其
顏色。開新圖層,以筆刷Ⓐ在紅色紙
膠帶,加上一段拉出來的膠帶。

05 /

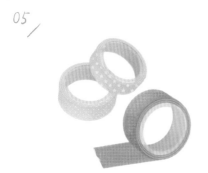

各自開新圖層，分別以筆刷 Ⓓ 、Ⓒ 、
Ⓔ 畫出三個紙膠帶的花紋；超出的
部分用橡皮擦擦除。

06 /

finish!

開新圖層，以筆刷 Ⓑ 畫出紙膠帶的陰影，
即完成。

╲ Feeling's Tips ╱

• 當繪製重複物件時，只要將每個物件的顏色、角度、花
  紋都做一些微調，看起來就會變化十足，像是很會畫畫
  的人畫得哦！

難易度 / / / / /

練習 07　　# 復古電視

運用層層疊疊的形狀，
輕鬆表現物件的厚度

/ 使用色彩 /

R 232	R 239	R 243
G 176	G 190	G 201
B 112	B 139	B 156

R 100	R 59	R 126
G 85	G 50	G 112
B 68	B 40	B 99

R 189	R 167	R 218
G 174	G 157	G 129
B 157	B 146	B 68

掃 QR CODE
看影片暖身

/ 使用筆刷 /

Ⓐ
9B 鉛筆

Ⓑ
紋理碳筆

/ 使用功能 /

Ⓒ
轉換

Ⓓ
預測性
筆觸

Ⓔ
繪製型式

/ 圖層這樣分 /

老舊的東西，讓人感受到不同年代的韻味，
彷彿在訴說著那些曾經發生過的美麗故事。
復古情懷，也為生活增添了不同樂趣。

01

這邊要連起來

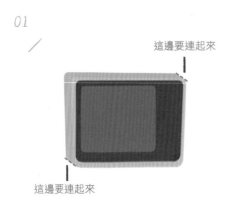

這邊要連起來

使用 Ⓐ 筆刷,與 Ⓔ 繪製型式工具的
矩形,畫出長方形,再將四個角以橡
皮擦修成圓角;完成後,複製出另外
三個長方形。可用 Ⓒ 轉換工具微調
成梯形,看起來更有趣味感。

02

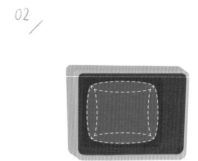

使用 Ⓔ 繪製型式工具,在最內層的
長方形內,加上四個橢圓形,會更有
復古風格。接著,將橢圓長方形縮
小,並在其下方開新圖層,畫一個深
灰色長方形,增添立體層次。

03

開新圖層,以 Ⓐ 筆刷和 Ⓔ 繪製型式
工具中的圓形、矩形和線條,畫出電
視上的旋鈕。

04

先畫一顆複製成一排,合併圖層,
再以一排為單位複製

開新圖層,以 Ⓐ 筆刷與繪製型式的圓
形,畫出電視下方的音孔;以繪製型
式的矩形畫出天線,再使用 Ⓒ 轉換
工具調整成梯形,並旋轉成斜斜的。

05 /

反光
深色
深　淺

用筆刷 Ⓑ，到每個圖層去加上比原
來顏色較深與較淺的層次。同時，也
複製一顆旋鈕，並旋轉它的角度，使
之看起來更寫實。

06 /

finish!

開新圖層，以筆刷 Ⓑ 畫出電視的陰影，微
調各物件的大小比例，即完成。

PART ── 02 ──

超好學！適合電繪新手的 6 大主題

Feeling's Tips

· 螢幕的部分，要將四周畫上較深的顏色，並依照光線設
定的方向，其中一側必須要有較多反光，如此，才能表
現出微微突出的立體感。

難易度

練習 09 復古電話

用單一筆刷，搭配隨性的
筆觸，輕鬆畫出復古小物

/ 使用色彩 /

R 172
G 217
B 194

R 138
G 201
B 171

R 117
G 193
B 155

R 232
G 215
B 191

R 242
G 233
B 221

R 254
G 253
B 251

R 173
G 166
B 156

R 197
G 191
B 183

R 189
G 147
B 111

掃 QR CODE
看影片暖身

/ 使用筆刷 /

Ⓐ
紋理筆刷 3

/ 使用功能 /

Ⓑ
轉換

Ⓒ
預測性
筆觸

Ⓓ
繪製型式

fuling

/ 圖層這樣分 /

懷舊的撥號轉盤、復古的淺綠色，我可以
直撥進入你心嗎？如果無法，就一起畫畫
吧！畫畫，也是一種心靈交流。

01

使用Ⓐ筆刷，畫出電話的底座。再開新圖層，畫出話筒。

02

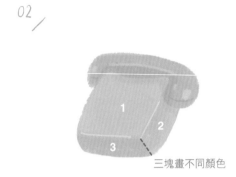

三塊畫不同顏色

使用Ⓐ筆刷，分別在這兩個圖層上，加上一些深淺的層次與反光。底座部分，畫上一些色塊與線條，暗示物件的立體感。

03

開新圖層，以Ⓓ繪製型式工具畫出按鍵的圓盤；為符合底座的方向，使用Ⓑ轉換的 b 梯形工具，將圓形旋轉與稍微壓扁成橢圓形。

04

開新圖層，以繪製型式的圓形畫出兩個相疊的圓，並將它複製排列在圓盤上，最後再將它們合併。開新圖層，畫出圓盤的卡榫。

05

06

開新圖層，畫出撥號轉盤上的數字。
回到圓盤的圖層，添加一些深色陰影
與淺色層次。

開新圖層，畫出捲捲的電話線，與電話的
陰影，即完成。

Feeling's Tips

• 用這種塊面的筆刷添加層次時，
　顏色的漸變可以慢一些，看起來
　會比較自然協調。

↑
循序漸進

難易度 /////

練習 10　廚房雜貨

多個物件排列時，用高低變化與
不同形狀，營造畫面豐富性

/ 使用色彩 /

R 188	R 177	R 220
G 159	G 138	G 205
B 125	B 96	B 187

R 222	R 241	R 208
G 207	G 238	G 177
B 190	B 230	B 143

R 133	R 199	R 172
G 101	G 205	G 177
B 66	B 182	B 159

掃 QR CODE
看影片暖身

Ⓐ
粉彩筆

Ⓑ
深灰色
混合

/ 使用功能 /

Ⓒ
轉換

Ⓓ
預測性
筆觸

Ⓔ
繪製型式

Ⓕ
對稱

PART —

02
—

超好學！適合電繪新手的 6 大主題

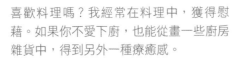

喜歡料理嗎？我經常在料理中，獲得慰
藉。如果你不愛下廚，也能從畫一些廚房
雜貨中，得到另外一種療癒感。

01

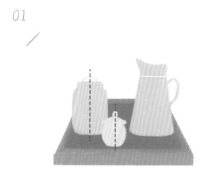

使用Ⓐ筆刷，和Ⓔ繪製型式畫出木頭托盤和廚房瓶罐；長形的罐子，可以使用Ⓕ對稱工具繪製。

02

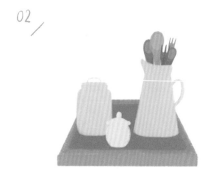

開新圖層，使用Ⓐ筆刷與繪製型式的圓形，畫出一支湯匙與一隻叉子，再將它們複製多個，排列在罐子中，並調整成有大有小、不同色彩和角度；最後可將它們合併。

03

幾何形的部分
用繪製形式畫 ━━━

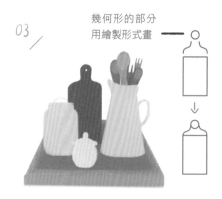

開新圖層，以Ⓐ筆刷與繪製型式畫出木頭砧板；用繪製型式的圓形當橡皮擦，去除中間挖空的點。

04

回到每個物件各自的圖層，以Ⓑ筆刷加上每個物件的深淺層次。

05/

06/

finish!

至木頭托盤的圖層，把 ⑧ 筆刷調成
很細的筆刷，畫出木紋的紋理：有的
線用深色、有的用淺色。開新圖層，
加上瓶罐的陰影。開新圖層，在罐子
上寫出文字。

開新圖層，畫出牆壁與桌面。開新圖層，
畫出木頭托盤的陰影，即完成。

超好學！適合電繪新手的 6 大主題

─ Feeling's Tips ─

・在疊加層次的時候，可以多調
整筆刷的大小讓筆觸有多一點
變化，畫面看起來會更豐富。

難易度 / / / / /

練習 01　　# 行李箱

活用兩支筆刷，就能畫出
充滿生活感的風格插畫

/ 使用色彩 /

R 215	R 201	R 225
G 102	G 103	G 122
B 85	B 88	B 107

R 206	R 166	R 222
G 162	G 108	G 191
B 123	B 77	B 164

R 111	R 79	R 166
G 96	G 69	G 150
B 82	B 59	B 133

掃 QR CODE
看影片暖身

/ 使用筆刷 /

Ⓐ
紋理
筆刷 3

Ⓑ
紋理迷彩

/ 使用功能 /

Ⓒ
轉換

Ⓓ
預測性
筆觸

Ⓔ
繪製型式

/ 圖層這樣分 /

PART ———— 02 ————

超好學！適合電繪新手的 6 大主題

行李箱不僅裝了衣物、日用品，也承載了我的夢想，一同出發。走嚕！一起邁向夢想之境。

01

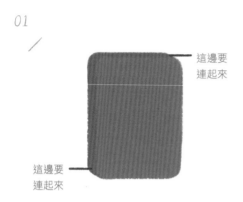

這邊要
連起來

這邊要
連起來

使用Ⓐ筆刷,與Ⓓ預測性筆觸,畫
出一個四邊圓角的長方形。完成後,
複製一個放在後方,顏色要比前面的
深一些。

02

開新圖層,同樣使用Ⓐ筆刷,與Ⓓ預
測性筆觸,畫出四個邊角的半圓形。
開新圖層,加上兩條帶子。再開新圖
層,畫出四個固定帶子的物件。

＊以上的小物件,也可以先畫好一個再
　各別複製成一組。

03

開新圖層,以Ⓐ筆刷和Ⓔ繪製型式
工具中的圓形,畫出行李箱的輪子;
畫好一組再複製另一組。

04

開新圖層,同樣以Ⓐ筆刷與Ⓔ繪製
型式的矩形,畫出行李拉桿,再加上
上方的把手。

05

交疊處
加陰影

以筆刷 ⑧ 至每個圖層，加上比原來
顏色較深與較淺的層次；在物件交疊
處，可以多加一些陰影，強化立體感。

06

擦成虛線

finish!

開新圖層，在地面上加上陰影。再開新圖
層，以筆刷 ⑧ 和繪製型式的直線，畫出一
條線後，並用橡皮擦將它擦成虛線，製造
出縫線的效果；完成後複製多個，放在帶
子上合併圖層，即完成。

Feeling's Tips

• 在處理大面積的層次時（例如：行李箱的面），可以
將筆刷大小調整成大一些，顏色層次的漸層感看起來
會更流暢。

難易度 / / / / / /

練習 02　摩卡壺

運用繪製型式的直線工具，
畫出有菱有角的造型

/ 使用色彩 /

R 196　　R 226　　R 172
G 194　　G 225　　G 170
B 191　　B 223　　B 165

R 240　　R 83　　　R 59
G 240　　G 80　　　G 58
B 240　　B 76　　　B 54

R 198
G 181
B 144

掃 QR CODE
看影片暖身

/ 使用筆刷 /

Ⓐ
9B 鉛筆

Ⓑ
紋理
點線 2

/ 使用功能 /

Ⓒ
轉換

Ⓓ
預測性
筆觸

Ⓔ
繪製型式

/ 圖層這樣分 /

簡潔的造型和溫潤的手感，我的選擇和品
味打造我喜歡的日常樣貌。日常用品，所
代表的也是一種生活態度的展現。

01

用繪製型式工具
畫橢圓形

用預測性筆觸
畫把手的弧度

使用 Ⓐ 筆刷,與 Ⓔ 繪製型式工具的
直線,拉出摩卡壺的基本型。記得將
三個不同顏色,分成三個圖層。

02

使用 Ⓔ 繪製型式工具的直線,畫分
出摩卡壺的塊面,再以 Ⓑ 筆刷畫出
壺身上,沙沙質感的肌理。

03

淺色加
在外側

深色加
在內側

回到黑色把手和壺蓋頭的圖層,同樣
用 Ⓑ 筆刷,分別加上略深的陰影與些
許反光感。

04

回到壺身的圖層,以 Ⓐ 筆刷與 Ⓔ 繪
製型式的直線,加上一些細微的反光
線條,製造出有趣的層次。

05 /

開新圖層，以筆刷Ⓐ並使用預測性筆觸，寫出壺身的字樣，增加物件的細節，提高精緻度。

06 /

finish!

開新圖層，以筆刷Ⓑ畫出摩卡壺的陰影；再依照自身喜好，增加壺身反光感或更多的肌理層次，即完成。

＼ Feeling's Tips ／

• 摩卡壺的塊面感很特別；以直線劃分出塊面後，就大膽將不同色階的灰色畫上去吧！使用差異極大的深淺變化，就能表現出其特有的立體感。

難易度

 練習 03　露營燈

用一支筆刷就能表現出
物件的形狀與材質特性

/ 使用色彩 /

R 241　　R 210　　R 243
G 196　　G 173　　G 210
B 23　　　B 22　　　B 78

R 176　　R 176　　R 232
G 174　　G 174　　G 234
B 164　　B 164　　B 224

R 254　　R 142
G 245　　G 172
B 147　　B 132

掃 QR CODE
看影片暖身

/ 使用筆刷 /

Ⓐ
乾式
麥克筆

Ⓑ
光暈筆刷

/ 使用功能 /

Ⓒ
轉換

Ⓓ
預測性
筆觸

Ⓔ
繪製型式

Ⓕ
對稱

/ 圖層這樣分 /

80%

50%

因為有你，我的路途不再漆黑；你帶來的光，讓我又能繼續往前走。謝謝你！點點光亮，引領著我走在正確的路途上。

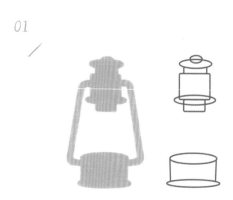

01

使用Ⓐ筆刷，與Ⓛ繪製型式工具的矩形和圓形，畫出燈座的基本形狀。再以預測性筆觸畫出一邊的把手，再複製另一邊，並以Ⓒ轉換工具🔳鏡射其方向。

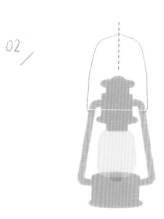

02

開新圖層，使用Ⓐ筆刷與預測性筆觸畫出玻璃罩，透明度降至50。開新圖層，使用Ⓕ對稱工具畫出上方的提把。再開新圖層，畫出下方放油的容器。

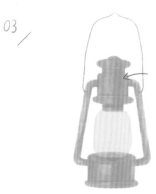

03

以繪製型式的直線工具上色，拉出俐落的反光

回到燈座與左右把手的圖層，用筆刷Ⓐ加上較深與較淺的層次，再使用更淺的顏色，加上細細的反光。

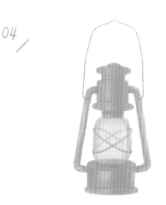

04

回到玻璃罩圖層，透明度調回100，兩側稍加深再調至50。開新圖層，畫出更亮的反光，透明度調整為80。再以預測性筆觸畫出罩上的鐵絲，複製一組，上下左右鏡射放在玻璃罩後方。

05

開新圖層，並以筆刷Ⓐ加上露營燈的
陰影。

06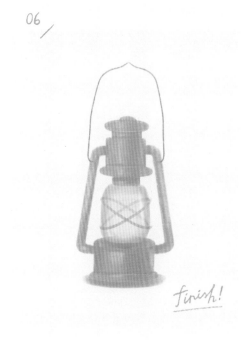

finish!

開新圖層，以筆刷Ⓑ畫出一球光線的樣
子，即完成。

\ *Feeling's Tips* /

・繪製這類金屬物件時，可以讓加深的層次、反光的層
次，都呈現直直的形狀，如此更能表現出其材質的堅
硬感與金屬質地。

難易度

 練習 04　**野餐籃**

網美露營必備的配件，
試試看如何畫出竹籃的間隙

/ 使用色彩 /

R 228
G 151
B 79

R 203
G 122
B 44

R 241
G 178
B 120

R 254
G 250
B 239

R 238
G 232
B 211

R 240
G 234
B 215

R 235
G 223
B 175

掃 QR CODE
看影片暖身

/ 使用筆刷 /

Ⓐ
簽章墨水

Ⓑ
紋理
筆刷 3

/ 使用功能 /

Ⓒ
轉換

Ⓓ
預測性
筆觸

Ⓛ
繪製型式

/ 圖層這樣分 /

50%

裝帶好精心準備的食物，和一顆雀躍的心，一起出發，享受愉快的午後時光。忙裡偷閒的 moment，總是令人期待。

01
/

使用Ⓐ筆刷與預測性筆觸，畫出籃子的主體，用一條條的筆觸交織而成，不需要將空隙填滿。開新圖層，以Ⓔ繪製型式畫出圓形，再擦成半圓形，開新圖層，畫出一個倒U的形狀。

02
/

同樣以筆刷Ⓐ，在三個物件的圖層中，加上一些較深與較淺的虛線，製造出竹編籃子線條交錯的樣子，倒U形上可畫出一些斜線。

03
/

以Ⓒ轉換工具裡的▣梯形工具，將半圓形調成斜的，以符合籃子的形狀；複製另一邊，使用轉換工具裡的鏡射▣▣將它上下左右鏡射，再將把手放好位置。接合處畫上一些顏色和線條，使之成為一體。

04
/

開新圖層，以Ⓐ筆刷繪製籃子邊邊的裝飾；再開新圖層，加上蝴蝶結，或任何喜歡的裝飾。回到蓋子，加上些許陰影；也在把手上，畫出更多細節。

05

06

回到籃子主體的圖層,以筆刷 ⑧,
在蕾絲的下方加上一點影子;再到蓋
子加上一些陰影,以加強籃子的整體
細節與厚度。

finish!

開新圖層,以筆刷 ⑧ 畫出籃子的陰影,即
完成。

＼ Feeling's Tips ／

• 繪製有間隙的物件時,選擇像簽章墨水這樣也有間隙
的筆刷,就非常適合。另外,繪製層次時,讓線條有
粗細、明暗變化,畫面就會更豐富喔!

難易度 ///////

練習 05

露營椅

運用不同的筆刷來繪製
同一物件內的不同材質

/ 使用色彩 /

R 75
G 112
B 79

R 86
G 129
B 91

R 64
G 96
B 67

R 202
G 222
B 204

R 112
G 112
B 112

R 81
G 82
B 77

R 192
G 190
B 156

掃 QR CODE
看影片暖身

/ 使用筆刷 /

Ⓐ
紋理
筆刷 3

Ⓑ
針筆

Ⓒ
紋理碳筆

圓點樣式

Ⓓ
圓點樣式

/ 使用功能 /

Ⓔ
轉換

Ⓕ
預測性
筆觸

Ⓖ
繪製型式

/ 圖層這樣分 /

準備好舒服的位子，將自己完全沉浸在大自然中，瞬間，時空彷彿都定格了。發個呆，也是日常中的必需啊！

01

使用Ⓐ筆刷，與預測性筆觸畫出椅子的本體。開新圖層，畫出一側的椅子把手，點一下圖層，複製另一側。

＊複製請參考 P.19。

02

開新圖層，使用Ⓑ筆刷與Ⓒ繪製型式的直線，拉出椅子的腳。開新圖層以繪製型式的矩形，畫出一個椅腳墊，再複製三個，完成後與椅腳合併。開新圖層，以筆刷Ⓑ畫出椅把下方的架子。

03

內凹處加深色

回到椅子的圖層，以Ⓒ筆刷加上顏色較深與較淺的層次。把手的邊邊，也要加上一些陰影。

04

回到椅子的圖層，以Ⓓ筆刷加上可愛的點點花紋。

05 /

回到椅子腳架的圖層，以筆刷 ◎ 刷上一些較深顏色的層次，營造鐵製的肌理。再到椅把下方的架子圖層，畫出更多細節。

06 /

finish!

開新圖層，以筆刷 ◎ 加上椅子的陰影，即完成。

╲ Feeling's Tips ╱

• 繪製顏色或細節較單純的物件時，可以運用各種多樣的紋理筆刷，使物件更具特色，畫出屬於自己獨一無二的插圖。

練習 06　　**露營鍋爐**　運用繪製型式的直線和圓形，
就能畫出工整的鍋爐組

/ 使用色彩 /

R 185	R 146	R 210
G 183	G 143	G 206
B 168	B 131	B 195
R 206	R 116	R 97
G 106	G 113	G 95
B 44	B 105	B 89
R 229	R 63	R 144
G 228	G 122	G 89
B 223	B 136	B 55

掃 QR CODE
看影片暖身

PART

02

超好學！適合電繪新手的 6 大主題

/ 使用筆刷 /

Ⓐ
粉彩筆

Ⓑ
粉臘筆
超粗糙

Ⓒ
光暈筆刷

/ 使用功能 /

Ⓓ
轉換

Ⓔ
預測性
筆觸

Ⓕ
繪製型式

/ 圖層這樣分 /

80%

線性加深

20%

開啟卡式爐，煮一鍋香氣濃郁的奶茶，也
加熱了你我的心。累的時候，不妨為自己
煮一杯奶茶吧！

01

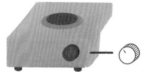

以繪製型式
的圓形和直
線畫出

使用Ⓐ筆刷,與Ⓕ繪製型式工具的
直線,拉出爐子的基本形狀。開新圖
層,以繪製型式的圓形畫出爐子的
腳。開新圖層畫出旋鈕,再開新圖
層,畫出爐子上的圓盤。

02

開新圖層,以Ⓐ筆刷,開啟預測性筆
觸,畫出爐子上方的架子。再開新圖
層,畫出後方的瓦斯罐。

03

回到爐子的圖層,以筆刷Ⓑ畫出較
深的顏色層次,與邊角的反光感。

04

開新圖層,以Ⓐ筆刷與繪製型式的圓
形,畫出琺瑯鍋的形狀。再開新圖層
畫出把手,並以筆刷Ⓑ加上略深的
顏色層次。

05 /

開新圖層,使用筆刷 ⓒ 在爐子和鍋子中間加上火光,透明度調至 80。使用文字工具 ⊤ 打出文字 OFF,再打出 ON 放於旋鈕的旁邊。

06 /

finish!

開新圖層,以筆刷 ⓑ 畫出鍋子的影子,混合模式選擇:線性加深,透明度降至 20。再開新圖層,畫出爐子的陰影,即完成。

\ Feeling's Tips /

• 繪製多個物件的畫面時,可以先將主體畫出,再一步步加上細節零件,最後組合起來就可以了;如此,不只畫起來簡單,完整度也高。

難易度 /////

練習 07 　烏克麗麗

將複雜的物件一一拆解，
繪製完再組合起來吧！

/ 使 用 色 彩 /

R 188
G 142
B 96

R 167
G 127
B 88

R 189
G 146
B 102

R 148
G 108
B 68

R 148
G 133
B 121

R 171
G 167
B 163

R 238
G 233
B 225

R 95
G 94
B 92

R 79
G 76
B 72

掃 QR CODE
看影片暖身

/ 使用筆刷 /

Ⓐ
乾式
麥克筆

Ⓑ
紋理
點線 2

/ 使用功能 /

Ⓒ
轉換

Ⓓ
預測性
筆觸

Ⓔ
繪製型式

Ⓕ
對稱

/ 圖層這樣分 /

65%

啦～啦～啦，讓我為你彈唱一曲我精心準備的情歌。如果不喜歡情歌，我也可以唱一首動感的舞曲哦！

01 /

使用Ⓐ筆刷，與Ⓕ對稱工具，並開
啟預測性筆觸，畫出烏克麗麗的琴
身，完成後再複製一個放在後方，並
將顏色調深。再開新圖層，同樣以對
稱工具畫出琴頭，也複製一個在後
方，創造厚度。

02 /

開新圖層，使用Ⓔ繪製型式工具的
矩形，畫出指板。再開新圖層，以圓
形畫出琴身的響孔。

03 /

開新圖層，以Ⓐ筆刷與繪製型式畫出
下方的琴橋。開新圖層，以Ⓐ筆刷和
Ⓔ繪製型式工具中的圓形、直線，
畫出上方的弦鈕。畫完一組再複製其
他三組，並以鏡射工具▨放置好，再
將四組合併在一起。

04 /

開新圖層，畫出指板上的橫線，透明
度調至65。再開新圖層畫出琴弦，
可先以畫出一條，再複製其他條，之
後合併。

05 /

06 /

使用筆刷 ⑧ 在琴身與琴頭的圖層，
分別加上一些較深與較淺的層次，
製造出木板的紋理。

finish!

使用文字工具 T 在琴頭打上 UKULELE，或
任何你想加上的文字，即完成。

＼ Feeling's Tips ／

・看似複雜的樂器，只要將每個物件一一拆解，並運用
合適的筆刷或工具，繪製過程就會變得十分簡單容
易，新手也能輕鬆畫得漂亮哦！

難易度 ///

工具箱＆杯子

以繪製型式來練習畫
上下等寬的物件

/ 使用色彩 /

R 80
G 76
B 73

R 114
G 109
B 103

R 197
G 163
B 117

R 213
G 186
B 150

R 67
G 122
B 127

R 222
G 216
B 212

R 232
G 233
B 232

R 89
G 117
B 143

R 133
G 99
B 71

掃 QR CODE
看影片暖身

Ⓑ
粉蠟筆
超粗糙

Ⓒ
紋理碳筆

／使用功能／

Ⓓ
轉換

Ⓔ
預測性
筆觸

Ⓕ
繪製型式

65%

65%

兩人的相處之道，重要的不是形式和地點，
而是只要我們一起，就能創造美好時光。就
好像露營時，只要擺上兩個杯子那樣！

01

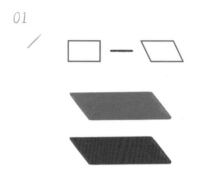

使用Ⓐ筆刷與Ⓕ繪製型式,畫出矩形,再以Ⓓ轉換工具中的▶梯形工具,將矩形拉成傾斜的;再複製一個圖層往上放置。

02

開新圖層,以筆刷Ⓐ和繪製型式的直線工具,拉出箱子一條條的直線和橫線,再以較細與較淺色的線條,製造層次感。

03

先鎖住步驟1的圖層,在於相同位置,開新圖層塗上木頭色,完成後複製一個圖層放在下方,再把這兩個木頭色圖層的連接處填滿。最後,用略深的顏色刷出細微的木紋。

04

開新圖層,以筆刷Ⓐ和Ⓕ繪製型式的圓形,畫出杯子的上下部,再以繪製型式的直線將上下連接起來。接著畫出手把和杯緣,再以筆刷Ⓒ刷出層次。

05 /

將畫好的杯子各部分合併起來,再複製另一個,以 ⓓ 轉換工具中的 ▥ 鏡射杯子方向,並調整色彩。開新圖層,以筆刷 ⓒ 畫出影子。

06 /

finish!

開新圖層,以繪製型式的圓型,畫出杯子內的飲品,透明度調至 65,並將多出的部分擦除,即完成。

Feeling's Tips

• 繪製上下等寬的物件時,要先將上下畫出,再將兩個部分連接起來,就可以輕鬆完成,不用擔心要一直調整大小比例哦!

難易度

練習 09 　小帳棚

運用裝飾性的小物件，
來點綴簡單的畫面

/ 使用色彩 /

R 246	R 221	R 249
G 240	G 204	G 245
B 231	B 181	B 240

R 68	R 96	R 48
G 122	G 163	G 94
B 156	B 171	B 123

R 111	R 146
G 161	G 184
B 64	B 110

掃 QR CODE
看影片暖身

/ 使用筆刷 /

Ⓐ
筆刷 3

Ⓑ
乾式
麥克筆

Ⓒ
無色
柔和筆刷

Ⓓ
半色調
交叉樣式

Ⓔ
紋理
棘刺狀

/ 使用功能 /

Ⓕ　　　Ⓗ
轉換　　對稱

Ⓖ　　　Ⓘ
預測性　繪製
筆觸　　型式

fuling

/ 圖層這樣分 /

悲傷、低潮的時候，就去大自然走走吧！
他們會溫柔地接納你，所有的喜怒哀樂。

01 /

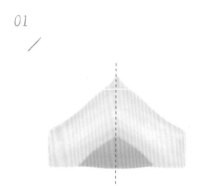

使用Ⓐ筆刷與Ⓗ對稱工具，畫出帳篷的上方基本型。再開新圖層，畫出下方表現內部較深的顏色，並以Ⓑ筆刷，使用較亮的顏色加上帳篷上方的色彩層次。

02 /

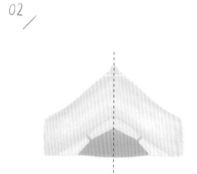

開新圖層，以筆刷Ⓐ和對稱工具，畫出帳篷門口布簾捲起來的樣子。

03 /

開新圖層，以筆刷Ⓐ畫出一條弧線，用Ⓘ繪製型式的直線，拉出三角旗的形狀，複製多個調整成不同的顏色。以筆刷Ⓒ Ⓓ加上花紋，也可以繪製自己喜歡的花色。

04 /

完成一邊的三角旗，將小旗子們合併圖層，再複製另一邊，並以Ⓕ轉換工具中的鏡射另一邊的旗子。

05

開新圖層,以筆刷 Ⓔ 畫出一大片草地,可以在帳棚下方加上較深的顏色層次,強化透視感。

06

finish!

開新圖層,以筆刷 Ⓐ 在草地上加上些許一束束的小草,增添畫面的豐富性,即完成。

Feeling's Tips

• 繪製帳篷這樣形狀比較簡單的物件時,可以加上一些裝飾配件,像是可愛的三角旗,就會讓畫面的豐富度立刻提升,一起來試試看吧!

難易度 ///////

練習 10 　**照相機**

試著將每個部位拆解，
再一一組裝起來

／ 使用色彩 ／

R 88
G 84
B 80

R 186
G 179
B 172

R 156
G 147
B 135

R 222
G 218
B 213

R 237
G 236
B 233

R 117
G 113
B 108

R 225
G 82
B 69

掃 QR CODE
看影片暖身

/ 使用筆刷 /

Ⓐ
9B 鉛筆

Ⓑ
流量噴槍

/ 使用功能 /

Ⓒ
轉換

Ⓓ
預測性
筆觸

Ⓔ
繪製型式

/ 圖層這樣分 /

PART

02

超好學！適合電繪新手的 6 大主題

雖然現在手機拍照當道，但還是喜歡裝上
底片，享受無法刪除與預測的驚喜。這就
是舊東西令人難以忘懷的原因。

01 /

使用Ⓐ筆刷與Ⓓ預測性筆觸畫出相機機身。再開新圖層，畫出上方按鈕的底座，並複製此圖層，藉此表現相機的立體感和厚度。

02 /

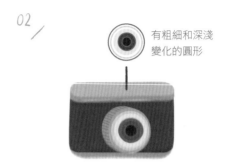

有粗細和深淺變化的圓形

開新圖層，以筆刷Ⓐ和Ⓔ繪製型式的圓形，拉出一層層的鏡頭層次；再用繪製型式的直線工具，畫出鏡頭的更多細節。

03 /

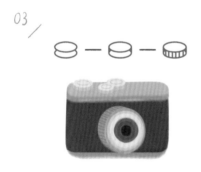

開新圖層，同樣以筆刷Ⓐ和Ⓔ繪製型式的圓形，畫出旋鈕的上下部，再連接起來。接著，以繪製型式的直線工具，加上更多細微線條。完成一個後合併，再複製多個旋鈕在上方。

04 /

開新圖層，以筆刷Ⓐ和Ⓔ繪製型式的直線和預測性筆觸，慢慢畫出右上角的熱靴。

05

回到機身的圖層,以筆刷 Ⓑ 加上一些深淺的顏色層次。接著,回到鏡頭的圖層,加上反光感。

06 /

finish!

開新圖層,以筆刷 Ⓐ 畫出小 LOGO 在機身上。回到上方米色圖層,以筆刷 Ⓑ 加上旋鈕和熱靴的陰影,即完成。

Feeling's Tips

• 畫這類看似複雜的物件,只要將每個部分拆開來畫,再組合起來,就可以一步步完成,不妨挑戰看看!

難易度

練習 01　口紅

以繪製型式的直線和不同筆刷效果，
畫出明確豐富的色彩層次

/ 使用色彩 /

R 57　　R 79　　R 105
G 52　　G 72　　G 98
B 43　　B 60　　B 87

R 226　　R 231　　R 213
G 132　　G 158　　G 120
B 123　　B 151　　B 110

R 201
G 181
B 172

掃 QR CODE
看影片暖身

/ 使用筆刷 /

Ⓐ
粉彩筆

Ⓑ
材質
軟式粉蠟筆

Ⓒ
深灰色
混合

/ 使用功能 /

Ⓓ
轉換

Ⓔ
預測性
筆觸

Ⓕ
繪製型式

/ 圖層這樣分 /

選擇適合今天的顏色、畫上美麗的唇彩，我就是最美的女王。打扮自己，從來都不是為了取悅他人，而是要讓自己心情更好。

01

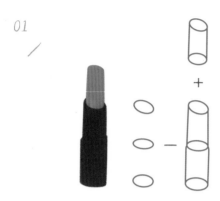

使用Ⓐ筆刷，和Ⓕ繪製型式的圓形
畫出口紅管狀的上下；上方的圓形要
旋轉成斜的，再以繪製型式的直線連
起來，最後塗滿顏色。

02

開新圖層，同樣以筆刷Ⓐ和繪製型式
的圓形及直線，畫出口紅的蓋子。使
用Ⓓ轉換工具中的梯形工具Ⓓ調整
形狀。

03

回到口紅、口紅管與蓋子的圖層。使
用筆刷Ⓑ選擇Ⓕ繪製型式的直線工
具，先鎖住圖層，再以直線拉出反光
層次。

04

開新圖層，用筆刷Ⓐ加上更多口紅管
上的細節。

05 /

開新圖層,以筆刷Ⓐ與繪製型式的圓形,畫出口紅上方的面,與蓋子前方的面,表現出立體感。

06 /

finish!

開新圖層,以筆刷Ⓐ畫出口紅上的字樣,再以筆刷Ⓒ加上陰影,即完成。

/ Feeling's Tips /

· 以不同質感的筆刷來疊加陰影和反光,能使顏色層次看起來更豐富多變,物件更有立體真實感。

難易度 //////

練習 02 **手拿包**

運用筆刷的大小變化，
營造類皮革的肌理材質

/ 使用色彩 /

R 146	R 114	R 156
G 173	G 149	G 179
B 181	B 159	B 185

R 92	R 186	R 212
G 117	G 203	G 197
B 122	B 208	B 170

掃 QR CODE
看影片暖身

/ 使用筆刷 /

Ⓐ
9B 鉛筆

Ⓑ
紋理
點線 2

/ 使用功能 /

Ⓒ
對稱

Ⓓ
轉換

Ⓔ
預測性
筆觸

Ⓕ
繪製型式

T

Ⓖ
文字

PART ─── 02 ───

超好學！適合電繪新手的 6 大主題

辛苦工作，就是為了要買包寵愛自己；就
像努力運動一樣，是為了吃更多的美食。

01

使用Ⓐ筆刷，與Ⓒ對稱工具畫出包包的基本形狀。另開新圖層，畫出提把，點一下圖層複製一個，將其顏色調深放在後方，表現內側的提把。

02

小筆刷

大筆刷

使用筆刷Ⓑ在包身與提把上，分別畫出較深與較淺的層次，適時調整筆刷大小，以豐富不同質感的肌理。

03

開新圖層，以筆刷Ⓐ並開啟預測性筆觸，在包口邊緣和提把處，畫出實線，再用橡皮擦擦除線段，呈現出縫線的效果。

04

開新圖層，以筆刷Ⓐ和繪製型式的矩形畫出吊牌。再開新圖層，畫出吊牌的帶子，同步驟3加上層次與縫線。

05

使用 ⓖ 文字工具,打出包包上品牌的文字。接著,點一下圖層複製一個放在吊牌上,並調整成不同的顏色。回到包包圖層,在文字之後加上一些深色漸層,使文字和包包更融為一體。

06

finish!

回到包包的圖層,在吊牌及提把下方加上一些陰影。另開一新圖層,加上包包的影子,即完成。

P A R T ──── 02 ──── 超好學!適合電繪新手的 6 大主題

＼ *Feeling's Tips* ／

• 在繪製物件的漸層肌理時,色彩的調整幅度要慢慢來,避免一下跳太多,才能刷出漂亮的顏色變化。

難易度 /////

練習 03　**耳環**

練習運用幾何形工具與
物件的拆解，繪製可愛小物

/ 使用色彩 /

R 198　　R 208　　R 177
G 158　　G 175　　G 136
B 124　　B 149　　B 104

R 238　　R 242　　R 219
G 226　　G 236　　G 190
B 216　　B 229　　B 114

R 229　　R 188　　R 214
G 223　　G 112　　G 180
B 191　　B 82　　 B 159

掃 QR CODE
看影片暖身

/ 使用筆刷 /

Ⓐ
紋理
筆刷 3

Ⓑ
粉蠟筆
超粗糙

/ 使用功能 /

Ⓒ
轉換

Ⓓ
預測性
筆觸

Ⓔ
繪製型式

/ 圖層這樣分 /

耳環永遠是女孩們必備的飾品；在意每個小細節，才能讓我們從頭到尾都散發迷人光彩，即便低調仍能吸引人注目。

01
/

使用Ⓐ筆刷，與Ⓔ繪製型式中的圓形工具，拉出一個圓形並填滿顏色。複製一個放在下方，將顏色調深。接著，在其下方以相同方式，畫一個較大的圓形。

02
/

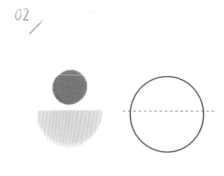

以Ⓔ繪製型式的直線作為橡皮擦，擦除下方大圓形的上半部。

＊開啟繪製型式，選擇橡皮擦即可。

03
/

開新圖層，以筆刷Ⓐ和繪製型式的圓形拉出下方的金屬環。再開新圖層，開啟預測性筆觸，畫出其他金屬勾環的部分。

04
/

弧線的地方用預測性筆觸

先畫圓形，再擦除多的部分

回到小圓形的圖層，使用Ⓑ筆刷，用較原本顏色略淺的顏色，增添層次。開新圖層，以筆刷Ⓐ和繪製型式的直線及圓形，拉出幾何形圖樣。

05

回到金屬的圖層，以筆刷 ⑧ 加上較
淺的層次，藉以表現出金屬的反光
感。開新圖層，以筆刷 ⑧ 在幾何圖
形的圖層加上一些層次肌理。

06

finish!

完成單邊耳環後，再複製另一隻耳環，微
調角度，即完成。

\ *Feeling's Tips* /

• 利用繪製型式畫出不同的幾何形，再搭配橡皮擦使
用，就能輕鬆畫出各種不同的形狀，增添物件的裝飾
性與豐富感。

難易度

 練習 04 淑女帽

為簡單的色彩增加些許層次與
線條點綴,簡單也能很豐富

/ 使用色彩 /

R 177 R 191 R 145
G 119 G 140 G 94
B 70   B 98   B 58

R 68   R 102 R 48
G 59   G 89   G 40
B 50   B 79   B 35

掃 QR CODE
看影片暖身

/ 使用筆刷 /

Ⓐ
油漆
飛濺狀 4

Ⓑ
紋理迷彩

/ 使用功能 /

Ⓒ
轉換

Ⓓ
預測性
筆觸

/ 圖層這樣分 /

線性加深

10%

65%

戴上最喜歡的帽子，準備好愉快的心情，
期待與你一起出發，看看這個世界。今
天，我們要去哪裡呢？

01

/

使用 Ⓐ 筆刷，並開啟 Ⓓ 預測性筆觸
畫出帽子主體。接著，開新圖層，畫
出帽沿。

02

/

開新圖層，以筆刷 Ⓐ 畫出一個蝴蝶
結。再開新圖層，畫出綁在帽子上的
帶子。

03

/

回到帽子的圖層，以筆刷 Ⓑ 及比底
色較淺一點的顏色，調大筆刷，刷出
帽子的質感。

04

/

開新圖層，以筆刷 Ⓐ 並開啟預測性筆
觸，畫出帽沿的黑色線條。再開新圖
層，畫出淺色的帽子紋理。

05 /

回到蝴蝶結的圖層，以筆刷 Ⓑ 加上
一些深色的層次，與緞帶邊米色的點
綴；再用筆刷 Ⓐ 和淺灰色，勾勒蝴蝶
結的細節。

06 /

finish!

開新圖層，以筆刷 Ⓑ 畫出帽子的淺色層
次，點一下圖層，把透明度調至 65。再開
新圖層加上緞帶下方的陰影，混合調為線
性加深，透明度 10，即完成。

＊調整混合請參考 P.19。

P A R T

02

超好學！適合電繪新手的 6 大主題

\ Feeling's Tips /

• 使用比較有插畫感的筆刷時，不用在意線條一定要非
常工整，有時小小的歪斜，能創造出意想不到的有趣
結果，越畫越好玩！

難易度 / / / / /

練習 05　**墨 鏡**

基本形狀抓好後，再加上一些
簡單的層次，輕鬆畫出高質感物件

/ 使用色彩 /

R 103	R 82	R 152
G 91	G 72	G 138
B 81	B 66	B 127

R 169	R 143	R 160
G 162	G 117	G 116
B 156	B 153	B 127

掃 QR CODE
看影片暖身

PART
02
超好學！適合電繪新手的 6 大主題

/ 使用筆刷 /

Ⓐ
紋理
筆刷 4

Ⓑ
紋理碳筆

/ 使用功能 /

Ⓒ
轉換

〰
Ⓓ
預測性
筆觸

/ 圖層這樣分 /

65%

即使在低調的時刻，也要散發出迷人品味。墨鏡，不只是一種時尚單品，也是呈現生活態度的一種展現。

01

使用Ⓐ筆刷，並開啟預測性筆觸，畫
出一邊的鏡框；可用Ⓒ轉換的梯
形工具，調整形狀。

02

點一下圖層複製另一邊的鏡框，再以
Ⓒ轉換工具中的▣鏡射工具，鏡射
方向。接著合併圖層，並在中間加上
鼻樑架。

03

開新圖層，以筆刷Ⓐ畫出鏡腳，畫好
移到下方，以Ⓒ轉換工具稍微調整
斜度，同步驟 2 複製並鏡射另一邊。

04

開新圖層，以筆刷Ⓐ畫出鏡片，換
Ⓑ筆刷改變顏色，畫出漸層的感覺，
點一下圖層，透明度調至 65。

05 /

淺色

深色

回到鏡框的圖層，以 ⑧ 筆刷加上一些層次：較深的陰影加在內部，淺色反光加在靠近邊邊的位置。

06 /

finish!

開新圖層，以筆刷 ⑧ 刷出些許淡淡的光澤，增加鏡片的反光層次。回到鏡框圖層，微調形狀，即完成。

\ Feeling's Tips /

• 即使物件的形狀是細長的，還是盡可能要加上一些深淺的顏色層次變化，看起來才會有立體感，使物件看起來更寫實。

難易度 ///// //

練習 06　香水

運用層次的堆疊與直線工具，
輕鬆繪製堅硬透明感的玻璃瓶

/ 使用色彩 /

R 236	R 225	R 185
G 227	G 215	G 180
B 228	B 217	B 181

R 208	R 180	R 192
G 181	G 170	G 168
B 193	B 160	B 139

R 233	R 242	R 226
G 179	G 211	G 152
B 124	B 170	B 135

掃 QR CODE
看影片暖身

/ 使用筆刷 /

Ⓐ
乾式
麥克筆

Ⓑ
紋理
點線 2

/ 使用功能 /

Ⓒ
繪製型式

Ⓓ
轉換

Ⓔ
預測性
筆觸

T

Ⓕ
文字

/ 圖層這樣分 /

我的香水味就是我的名片。心情不好、工作不順、戀愛運不佳時，不妨買一罐自己喜歡的香水，改變一下吧！

01
/

使用Ⓐ筆刷,與Ⓒ繪製型式的直線
工具,拉出香水瓶的基本形狀。瓶身
與蓋子的圖層請分開,並調整透明度
降至 70。

02
/

開新圖層,以筆刷Ⓐ加上瓶子和蓋
子中間的物件。再開新圖層,畫出噴
頭,放置在蓋子圖層的後方。

透過改變筆刷大小
呈現不同的光影感

03
/

開新圖層,以筆刷Ⓐ和繪製型式的直
線,拉出瓶子與蓋子的立體感。再開
新圖層,以較大的筆刷,加上較寬的
光影層次。可以在兩種層次中,加上
一些Ⓑ筆刷的粉狀質感。

04
/

開新圖層,以Ⓐ筆刷畫出香水瓶上的
標籤貼紙。

05 /

開新圖層，以Ⓐ筆刷畫出香水的液
體；該圖層放置在瓶子上方光影下
方。再開新圖層，用深灰色和白色增
添更多光影變化。再開新圖層，打上
標籤貼上的主要文字。

06 /

finish!

開新圖層，畫出香水的陰影。最後，再開
新圖層，以Ⓕ文字工具打出標籤貼上的其
他文字，即完成。

PART

02

超好學！適合電繪新手的 6 大主題

\ Feeling's Tips /

• 繪製透明物件時，技巧是降低主體的透明度，再以其
他圖層，分別表現亮度與陰影，就能輕鬆呈現出玻璃
瓶和內容物的透明感。

難易度 ///////

芭蕾舞鞋　　　想畫出手繪感電繪，關鍵就是
選用紋理筆刷和強化細節處

/ 使用色彩 /

R 193
G 81
B 54

R 184
G 76
B 51

R 215
G 130
B 111

R 213
G 187
B 153

R 190
G 149
B 100

R 222
G 202
B 177

R 209
G 191
B 188

掃 QR CODE
看影片暖身

/ 使用筆刷 /

Ⓐ
紋理
筆刷 3

Ⓑ
油漆
飛濺狀 1

/ 使用功能 /

Ⓒ
轉換

𝕊

Ⓓ
預測性
筆觸

/ 圖層這樣分 /

超好學！適合電繪新手的 6 大主題

穿上紅色舞鞋，翩翩起舞，這就是屬於自
己當下的美麗姿態。煩悶時，除了畫畫，
跳一支舞，也很不錯。

01

使用Ⓐ筆刷,並開啟預測性筆觸,畫
出芭蕾舞鞋前方與後方的形狀。

02

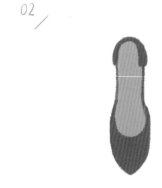

開新圖層,以筆刷Ⓐ畫出鞋底,並在
兩旁的邊邊,加上一些鞋子的紅色。

03

開新圖層,以筆刷Ⓐ畫出上方
的蝴蝶結裝飾。

04

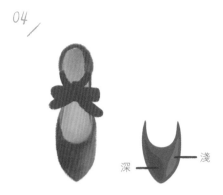

深   淺

回到鞋子與鞋底的圖層。以筆刷Ⓑ
分別加上比底色略深與略淺的顏色層
次變化。

05 /

淺　深

回到蝴蝶結的圖層，以筆刷 Ⓑ 畫上
更細微的深淺色彩層次，使之更具立
體感。

06 /

finish!

將圖層全部合併，再複製另一隻鞋子並用
Ⓒ 轉換工具旋轉角度。最後，開新圖層，
以筆刷 Ⓑ 加上陰影，即完成。

＼ Feeling's Tips ／

・將各種顏色分在不同圖層處理，上色與加層次時，就能
　分開處理，畫錯時也能避免全部重新來過；這就是電繪
　非常適合畫畫新手的原因之一哦！

難易度

 練習 08 　高跟鞋

練習拆解物件的前、中、後，
並以「平面」去思考繪製

／ 使用色彩 ／

R 247　　R 241　　R 229
G 235　　G 223　　G 200
B 235　　B 220　　B 197

R 245　　R 236　　R 231
G 242　　G 197　　G 190
B 241　　B 175　　B 168

R 215　　R 201
G 180　　G 181
B 176　　B 176

掃 QR CODE
看影片暖身

/ 使用筆刷 /

Ⓐ
粉彩筆

Ⓑ
軟式
粉蠟筆

Ⓒ
紋理碳筆

/ 使用功能 /

Ⓓ
轉換

Ⓔ
預測性
筆觸

/ 圖層這樣分 /

線性加深
30%

穿上最喜歡的高跟鞋，從不是為了誰！我享受自己自信的模樣。女孩們，穿上高跟鞋勇敢踏出第一步，有自信的女人最美麗！

01

使用Ⓐ筆刷，並開啟預測性筆觸，畫
出高跟鞋側面的基本形狀；這個線條
不太容易掌握，可以多試幾次，或以
橡皮擦慢慢修出完整的形。

02

開新圖層，以筆刷Ⓐ畫出內側的形
狀。再開新圖層，畫出鞋子底部內的
深色處。

03

開新圖層，以筆刷Ⓐ和預測性筆觸，
畫出鞋跟。

04

開新圖層，以筆刷Ⓑ畫出漸深的層
次，再以點狀的筆刷Ⓒ增加顏色的
層次變化。

05 /

將鞋子各部位的圖層合併,再點一下
圖層複製另一隻鞋子放在後方,將顏
色調深一些。開新圖層,以筆刷 Ⓑ
刷上一些陰影,透明度降至 30,混
合模式調整為線性加深。

06 /

finish!

開新圖層,以筆刷 Ⓑ 畫出高跟鞋的陰影,
即完成。

Feeling's Tips

· 後方複製的高跟鞋,可以用 Ⓓ 轉換裡的 Ⓑ 梯形工具
稍微調整形狀,製造些微不同的視覺角度,看起來會
更自然。

難易度

練習 09 　**手錶**　　　　　試著將每個小零件分開繪製，
再組裝起來，一步步完成

/ 使用色彩 /

R 206	R 181	R 224
G 170	G 146	G 198
B 93	B 70	B 143

R 185	R 191	R 168
G 103	G 115	G 91
B 71	B 83	B 59

R 227	R 237	R 247
G 202	G 221	G 224
B 182	B 209	B 173

掃 QR CODE
看影片暖身

/ 使用筆刷 /

Ⓐ
刺青
墨水槍

Ⓑ
深灰色
混合

Ⓒ
紋理
筆刷 2

/ 使用功能 /

Ⓓ
轉換

Ⓔ
預測性
筆觸

Ⓕ
對稱

Ⓖ
繪製型式

/ 圖層這樣分 /

時間帶走了一些歲月，卻也同時積累出更多的生命厚度與智慧。不要害怕時光流逝，因為在這其中，你一定獲得了更多。

01

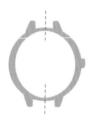

使用Ⓐ筆刷，與Ⓒ繪製型式的圓形畫出錶框。開新圖層，再開啟Ⓕ對稱工具畫出錶框上下方。再開新圖層，畫出調整時間的旋鈕。

02

開新圖層，以筆刷Ⓐ畫出錶面。再開新圖層畫出錶帶，點一下圖層，複製一個並以Ⓓ轉換工具的▇上下鏡射，翻轉物件。

03

至錶面圖層，以筆刷Ⓑ和Ⓒ畫出陰影與反光。至錶帶圖層，畫上一些物件的肌理。

04

回到錶框的圖層，以筆刷Ⓑ加上較深的陰影，與較淺的反光。

05 /

開新圖層，以筆刷Ⓐ和Ⓒ繪製型式
的圓形和直線，畫出指針。

06 /

finish!

開新圖層，以筆刷Ⓐ和Ⓒ繪製型式的直線
畫出刻度或數字。再回到錶面圖層，以筆
刷Ⓒ加上一些刻度的陰影，即完成。

Feeling's Tips

• 運用對稱工具與繪製型式的形狀們， 就能輕鬆地畫出
  這類工整的物件。只要善用工具，畫起來就會更快速
  方便。

難易度 /////

洋裝

運用同色系的深淺變化，即便只用
兩支筆刷，也能充分表現單色物件

/ 使用色彩 /

R 135
G 88
B 55

R 98
G 68
B 47

R 166
G 57
B 55

R 152
G 52
B 51

R 100
G 95
B 141

R 78
G 75
B 108

掃 QR CODE
看影片暖身

/ 使用筆刷 /

Ⓐ
9B 鉛筆

Ⓑ
紋理碳筆

/ 使用功能 /

Ⓒ
對稱

Ⓓ
轉換

Ⓔ
預測性
筆觸

Ⓕ
繪製型式

Ⓖ
選取

/ 圖層這樣分 /

50%

穿上美麗的洋裝，我，喜歡自己的模樣。
選擇裙裝，不是為了維持女性賢淑的刻板
印象，只是因為我喜歡而已。

01

使用 Ⓐ筆刷，並開啟預測性筆觸，
與 ©對稱工具，畫出洋裝的基本形，
再以 Ⓑ筆刷加上一點層次。

02

線條有深有淺
有些顏色就會
融在底色中，
看起來就不會
單板生硬

開新圖層，以筆刷 Ⓐ畫出上身的摺
線；鎖住圖層，刷上一些較淺的顏
色，讓摺線看起來有深有淺。再開新
圖層，畫出領子。

03

開新圖層，以筆刷 Ⓐ畫出腰帶。再開
新圖層，畫出蝴蝶結。

04

凸出來
畫淺色

俯視：

凹進去
畫深色

用 Ⓑ筆刷，分別至洋裝圖層和蝴蝶
結圖層，加上同色系的顏色深淺層次
變化。

05 /

06 /

finish!

開新圖層，以筆刷 Ⓐ 與 Ⓕ 繪製型式的圓形，畫出一顆鈕扣，再複製成一排，並將鈕扣們的圖層合併。畫面縮小，微調比例或增加整體洋裝的線條細節。

點選洋裝圖層，使用 Ⓒ 選取工具中的虛線選取框，將裙擺範圍用虛線框起來，複製貼上（記得鎖要解開），降低透明度，即完成。

╲ *Feeling's Tips* ╱

• 裙子的皺褶明暗是比較難處理的地方，總之，就大膽的將凹進去的深色，與凸出的淺色畫出來，剛開始顏色漸層畫起來可能會有些生硬，但多試幾次就會更自然了。

電繪、手繪都適用！
4大進階練習

畫完 60 個主題後，是否覺得功力大提升？
想要畫更多主題呢？
本章將介紹更多關於繪畫的觀念與技法，
例如：如何抓形、搭配顏色、尋找靈感等。
期盼大家能從此愛上畫畫，透過創作療癒喔！

◆ ◆ ◆

為版面大加分的裝飾彩帶

運用前面章節繪製的元素，加上彩帶組合，畫出完整度更高的作品。

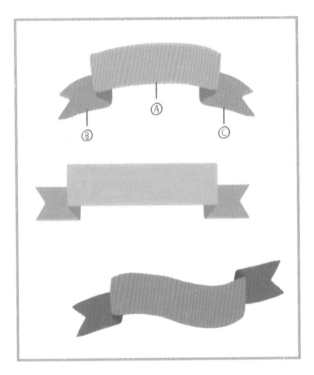

選擇一支喜歡的筆刷（我習慣使用紋理筆刷 3），開啟預測性筆觸畫出Ⓐ；調整為較深的顏色，開新圖層畫出Ⓑ，點一下圖層複製出Ⓒ，再以轉換工具中的■■鏡射工具翻轉方向，即完成。

Point

排版前可先將物件合併，比較好移動。記得多留一個備份檔案，以便日後再使用。

/ 使用筆刷 /　　/ 使用功能 /

紋理筆刷 3　　　轉換　預測性筆觸　文字

花朵是一種非常適合版面裝飾的元素，開啟 P.58 的罌粟花，排列在彩帶的上方，下方超出彩帶的部分擦除。

排列時可選擇一朵為畫面的重點，將重點物件的面積放大，其他幾朵稍微縮小。顏色上，可讓重點那朵顏色較深或更為鮮豔，其他花朵的顏色調淺一些；再綴上一些花苞，最後打上英文字，即完成。

Point

＊物件有大有小。
＊成傘狀放置。

除了花朵之外，葉子也是美化版面的好物件。開啟 P.54 的尤加利葉和 P.62 的小黃花，排列在彩帶的後方，同樣將下方的梗擦除，再複製一些黃花倒轉放在彩帶下方，營造豐盛的視覺感。

這個排列和練習 01 不同的是，它沒有一個主要的焦點，所以加上一些尤加利葉，能使畫面看起來更有變化。

Point

＊米字型排列。

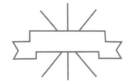

　　除了植物之外，試試看排列其他的物件。開啟 PART 2 中時尚單品的多個物件，可將其中一至兩個物件放的較大，並把想要凸顯的物件放在前方。這裡的彩帶是 S 形的，所以看起來較前面兩個彩帶更為活潑。

　　另外，可依照它的 S 形動線，排列物件，看起來會有種流動感。最後，打上比較活潑的字型，就完成囉！

Point

＊倒 S 形排列。

使版面更完整的形狀及邊框

運用簡單的形狀和線條,排列出美麗的版面,
甚至還可以做成海報或卡片哦!

選擇一支喜歡的筆刷(我習慣使用紋理筆刷3),開啟預測性筆觸,以及對稱工具的 ,並同時開啟上下及左右對稱,可以一次畫出四個邊。隨意的試試看吧!有時,會有意外的驚喜。

Point

排版前可先將物件合併,比較好移動,記得多留一個備份檔案,以便日後再使用。

/ 使用筆刷 /　　/ 使用功能 /

				T
紋理筆刷 3	轉換	預測性筆觸	對稱	文字

用簡單的色塊與線條，搭配植物造型，就能排列出一個很有質感的畫面。

開啟 P.54 的尤加利葉和 P.66 的龜背芋，讓葉片有大有小的放置在矩形後方。可放置兩種或以上的品項，看起來會比較豐富。另外，也可將一兩片葉子，放在矩形前方，讓畫面有前有後，增添層次。最後，搭配喜歡的文字，即完成。

Point

＊物件有大有小。
＊對角線構圖。

植物除了排列在形狀旁裝飾之外，也時常排列成花框的形狀。

開啟 P.54 的尤加利葉和 P.62 的小黃花，先畫出兩個 C 形的線條，再將葉片及小花一片片的排列上去，同樣讓物件有大有小，顏色有深有淺。

除了 ( ) 這樣的形狀之外，也可嘗試 O 整圈的排列方式。

Point

＊C 形排列
＊有大有小的物件

292

Strawberry

使用四方連續畫出的線條框，底下再放置一個色塊。 開啟 P.74 的草莓小花，可選擇一至兩顆為畫面重點，其他以較小的花朵，及未成熟的綠色草莓點綴。

同樣掌握有大有小的排版方式，並且將其中一兩個物件，放置在色塊與線條的前方，製造多樣的層次感。

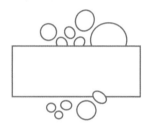

Point

＊有大有小的物件。

增加版面細節的裝飾線條

運用對稱工具與預測性筆觸，輕鬆畫出百搭版面的裝飾線條。

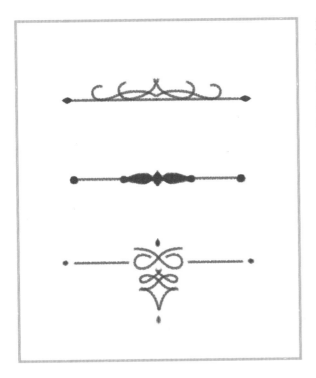

選擇一支喜歡的筆刷（我習慣使用紋理筆刷 3），開啟預測性筆觸，以及對稱工具的 ▨ 左右對稱；可以一次畫出兩個邊。隨意的試試看吧！有時，會有意外的驚喜。

Point

排版前可先將物件合併，比較好移動，記得多留一個備份檔案，以便日後再使用。

/ 使用筆刷 /　　/ 使用功能 /

紋理筆刷 3　　轉換　　預測性筆觸　　對稱　　繪製型式　　文字

將滿版的畫面放在後方，或畫出底色，填滿背景。

開啟 P.202 的廚房雜貨，把裝飾線條放在圖片的前方。這種線條的作用有點類似分隔線，所以上下方可以放上想打的文字，這樣就完成一張簡單又有設計感的畫面了。

Point

＊置中排版。

＊文字也要有大有小喔！

裝飾性線條除了當分隔線之外，也可放在最上方當標題的裝飾。

開啟 P.134 的鬆餅和 P.150 的檸檬塔，把文字和線條置中排列，再將圖放置在兩邊裝飾，物件可稍微超出血，使畫面更有變化。

Point

＊對角線排列。

＊出血的物件。

　　裝飾性線條也很適合放在上下方，包住版面中的重要物件。開啟 P.174 的咖啡杯，將背景填上底色，再把文字、圖片與線條都置中排列，就完成了一張簡單的卡片了。

　　只要多花一點巧思，就能製作出許多獨具個人風格的電子卡，送給親朋好友。

Point
＊置中排列。
＊有大有小的物件。

提升版面趣味的形狀裝飾

運用對話框與各種可愛的形狀,讓版面更豐富、有變化!

同樣使用紋理筆刷 3,開啟預測性筆觸,使用繪製型式的圓形和直線,畫出對話框、心形、星星和雲朵等;再繪製一些圓形及線段的虛線。此外,也可嘗試畫出自己喜愛的各種形狀。

Point

排版前可先將物件合併,比較好移動。記得多留一個備份檔案,以便日後使用。

/ 使用筆刷 /　/ 使用功能 /

紋理筆刷 3　　轉換　預測性　繪製　文字
　　　　　　　　　　筆觸　型式

開啟 P.198 的復古電話，運用對話框這個大家熟悉的元素，加上想說的話，就能營造出生動的畫面。

旁邊可再放置一些筆記紙、線段等物件，使畫面更加豐富。

Point

＊物件都稍微傾斜些，版面看起來就會比較活潑。

開啟 P.214 的露營燈和 P.226 的露營鍋爐，將主圖對角線放置，主要文字排列在矩形當中，以虛線作為分隔線。

內文要放得更小一些，才能製造出畫面的層次感。

Point

＊對角線排列。
＊有大有小的物件。

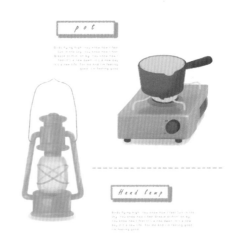

開啟 P.206 的行李箱與 P.230 的烏克麗麗,將主圖放在對角線放置。心形與星星加上點點、格子的筆刷,超出形狀的部分擦除,再放置主要文字在上方。

以點點虛線作為間隔,內文放小一些,就完成了。

Point

＊對角線排列。

＊有大有小的物件。

PART ——

03

電繪、手繪都適用!4大進階練習

文字也能成為版面的焦點

運用前面章節的裝飾元素加上手寫字，呈現不同風格的文字設計。

練習 01 加上底色與框線

選一支慣用的筆刷，示範中使用的是：紋理筆刷 3，並開啟預測性筆觸，寫下要用到的文字；加上線段或實色的形狀在下方，更能凸顯文字。

也可以加上點點、格子等筆刷樣式，以及前面介紹的各種形狀素材。

練習 02 加上文字邊框與陰影

為手寫的文字開新圖層，寫一個文字框線，稍微錯開，或是加上陰影，都有不同的效果。

另外開啟預測性筆觸寫出書寫體，也是很好搭配的字型。

練習 03 書寫體加上裝飾框

書寫體非常適合加在前面介紹的裝飾框與植物框；放在卡片上或作為大標，都很有氣氛喔！

練習 04 單個打字體加上物件

這個排列方式很適合放在：特別強調某個單字的設計上。

FLOWER 以 F 來設計加上花朵元素；BEAUTIFUL 以 B 來設計加上裝扮的物件。試試為自己的名字，設計裝飾效果吧！

練習 05 形狀加上物件

結合前面幾種不同的素材，在底層放上一個形狀，加上框線與點點的紋理，打出想要放的文字。

複製一個放在下方，透明度降低作為它的陰影，再放上前面章節繪製的物件，就完成一個可愛的版面了。

Feeling's Tips

• 設計文字時，主要需凸顯文字本身；加框或加上底色文字反白，都是很棒的效果。

• 可多觀察包裝、書籍、DM上的文字設計，激發靈感。

色彩的感染力

學習基本配色的小技巧，會讓圖像的呈現大幅加分。

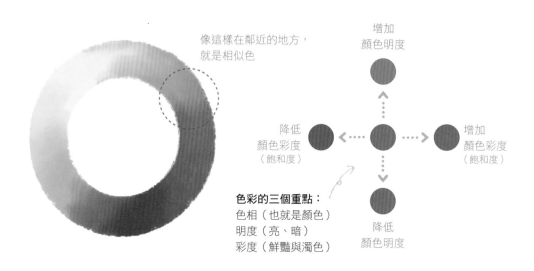

像這樣在鄰近的地方，就是相似色

增加
顏色明度

降低
顏色彩度
（飽和度）

增加
顏色彩度
（飽和度）

色彩的三個重點：
色相（也就是顏色）
明度（亮、暗）
彩度（鮮豔與濁色）

降低
顏色明度

對比與低彩度

　　使用比較低的彩度，容易使畫面看起來較為協調，顏色不會打架，但畫面的感覺會比較安靜。

　　但是，如果在低彩的顏色之中加入一些對比色，就會讓畫面更吸引人。

鮮豔的紅色草莓旁，輔助的配色是帶點灰的綠，整體顏色會更為協調

整體都是較為低飽和度的顏色，因此，右邊加上一些鮮豔的黃色小花點綴，能使畫面增加生氣活潑之感

同色系

加了對比色的藍莓，能
使畫面感覺比較活潑

相近的粉色與棕色，
看起來十分協調

　　在色彩的搭配上，比較不會出錯的方法，就
是將相似的顏色放在一起。使用色相環中鄰近左
右的顏色來搭配，就能呈現出協調的色彩。

　　但如果不想要畫面那麼安穩，也可像第一個
方法一樣，加上小部分比例較為鮮艷的顏色，就
能改變整體畫面的氣氛。

輔色搭配

　　在色彩的搭配上，還有一個
經常使用的方法，就是搭配低彩
度，甚至是無彩度的黑灰白作為
輔助顏色。無彩色的加入，會讓
畫面變得協調沉穩，也能凸顯畫
面中少數明亮的色彩。

　　米色、與黑灰白，都是擔任
輔助色的好顏色喔！

藍綠色鍋子與橘色瓦
斯罐被灰色襯托出來

瓶子的灰將粉色
襯托的更有氣質

大面積的灰色，讓
物件沉穩度提升

＼ Feeling's Tips ／

• 多參考服裝、電影、各種設計等，就能慢慢增加對色彩的敏銳度。

• 隨時記錄和拍下喜愛的畫面，從日常生活找尋配色靈感，也是我
　經常使用的練習方法。

繪圖抓形的小技巧

找到一個物件準備下筆畫時,是不是有時會不知如何開始?
掌握一些簡化和拆解的小技巧,讓畫畫變得更容易!

形狀化

像是杯子
的形狀 •••••

這個方法經常運用在植物花朵等,這類型不規則的物件上。

物件型態長得很隨機時,可以試著用明確的形狀帶入,能幫助思考物件的結構,更容易下筆。

——拆開

這個方法跟手繪時不大一樣。手繪通常需要以整體的形態去觀察物件。

與此相對,電繪有個很關鍵的元素是「圖層」,所以將複雜的物件一一拆開區分圖層,後續上色會變得更方便,也利於局部調整。

分解與組成

　　人造物件如：杯子、電視、桌子等，通常有很明確的幾何型與直線存在，是比較好分析的。與之相對，動物的形狀複雜且由很多結構組成，因此在繪製時可以將牠們的各部位拆開來思考，必要時可先畫下粉色線稿草圖，這樣在下筆時，會更清楚整體方向。

 練習　試著分解這隻羊駝

> ╲ Feeling's Tips ╱
>
> • 將物件「簡化」和「拆開
> 　分析」並確認物件的「結
> 　構」，就會對繪圖有很大
> 　的幫助，一起練習看看！

不知道要畫什麼的時候，
可以這樣思考

學會了手機繪圖的工具，也練習畫了許多物件之後，要如何開始畫出屬於自己的創作呢？就從以下這些項目開始練習吧！

日常喜愛的事

剛開始創作的人經常遇到一個問題：要畫什麼？

我覺得最好的方法，就是從自己身邊感興趣的事物找尋題材！家中養的寵物、喜愛的食物、興趣等，因為是自己有感覺與熱衷的事，畫起來也會特別愉快。

毛小孩

喜愛的甜點

興趣

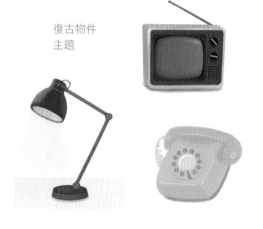

復古物件主題

系列作品

另一個持續創作的方法是：自訂一個創作主題，比如台灣小吃，每吃到一間很美味的台灣小吃，就將它拍照畫下來，也可以一併記錄文字分享給更多人。

這樣做的優點是，不用一直尋找新的題目，而且系列作品也會令人成就感十足。

時節 / 節日

這也是許多創作者會用的方法。當不知道要畫什麼的時候，就以最近發生或即將要發生的事為題吧！如當季花朵、水果，或季節性的穿搭，因為正在進行，要尋找素材也會比較方便。

此外節日也是一個很好發揮的創作主題，畫完之後還能傳給親朋好友和社群分享。

冬天的香甜草莓

聖誕小卡

自己的角色

Hello!

在嘗試創作的過程中，可能會不經意畫到某種動物是自己很喜愛的，並且也對成果感到滿意，那麼可以試著繼續以相同的動物或人物，畫出其他表情和動作，或搭配不同的物件，打造專屬角色。

當然，在創作角色時，畫自己的樣子也是最容易帶入的方式之一。

Feeling's Tips

- 不要猶豫！想畫什麼就試試看吧！
- 把畫的成果 PO 在社群中，藉由與他人的互動和分享，也會激勵自己持續創作喔！

百搭背景圖案

PATTERN 是很好運用的素材，
把畫好的物件拿來重新排列組合，創造萬用圖案！

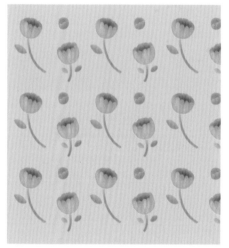

01 /

開啟 P.70 的浪漫小花，將小花們排列成
上面的樣子，作為連續圖案的一組基本
單位。

02 /

將基本單位的三個物件合併，複製成橫
列的一排。

03 /

將橫排三個合併成一列，再複製兩個，
或多個（依照版面大小），就完成一個基
本排列的圖案。

＊注意行距和間距調整為差不多的距離，
　版面看起來會比較舒服。

排版前可先將物件合
併比較好移動。記得
多留一個備份檔案，
以便日後再使用。

Feeling's Tips

物件的形狀可略為不同，有長形、有點狀的，畫
面看起來會較為協調。排列基本單位時，記得要
讓每個物件距離差不多。

01/

開啟 P.74 的草莓小花，將草莓和小花們排列為接近一個長方形，作為一組基本單位。

02/

將基本單位的物件們合併，複製成橫列的一排。

03/

複製橫排往下擺放，要讓上下兩排是錯開的。

Point

若原本的物件有很多空隙，要將空隙填滿，排列起來才會豐富好看。

找一些不同的物件，組成一個有故事性的圖案。

01/

開啟 P. 46 的青蘋果、P. 62 的黃色小花、P. 186 的書本、P. 258 的帽子，以傾斜的方式排列。因為帽子上方有個空隙，打上文字填滿，作為一組基本單位。

02/

將基本單位的物件們合併，複製成橫列的一排。

＊記得斜上放置。

03/

複製橫排往下擺放；記得，要讓上下兩排是錯開的喔！

連續圖案的延伸應用

運用一些形狀的搭配，
讓 PATTERN 呈現不同的風格

排版前可先將物件合
併比較好移動，記得
多留一個備份檔案，
以便日後再使用。

01 /

開啟 P.162 的壽司們，將物件都分開來
擺放，加上對話框與文字增加豐富性。
將魚卵單獨取出填在空隙處，完成一組
基本單位。

02 /

將基本單位的物件們合併，複製成直式
的兩排。

03 /

再將直排複製一排，或多排（依照版面
大小），有空隙的地方，可以再以魚卵
填上，即完成。

＊注意行距和間距調整為差不多的距離，
　版面看起來會比較舒服。

Feeling's
Tips

基本物件傾斜放置，版面看起來會比較活潑；反
之，平平的擺放看起來則會較冷靜。此外，排列
基本單位時，要讓每個物件距離差不多。

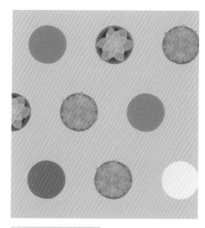

01 /

開啟 P.78 的多肉們，將它們放進圓形中，有些填滿、有些留白，作為一組基本單位。

02 /

可更改圓點的顏色，增添變化和豐富性。

03 /

依照版面需要，再將第一組合併，往下複製就完成了。

以圓點點作為基本架構，再填入也是圓形的盆栽。

加上有方向性的線段，讓視覺有流動感。

01 /

開啟 PART 2 時尚單品中的多個物件，畫一條斜放的彩帶在最底部；物件以錯開傾斜的方式放置，作為一組基本單位。

02 /

將基本單位的物件們合併，複製到右邊時，上下鏡射。

＊鏡射擺放

03 /

複製橫排往下擺放，即完成。

結合照片的電繪創作

運用前面學到的技巧與元素
增加日常生活中照片的趣味吧！

增添照片的故事性

將拍攝到的照片與日常的紀錄，加
上一些隨筆畫下的可愛小圖，隨性
的畫出想增添在畫面中的故事。

加入天馬行空的創意

置入拍攝的照片。開新圖層，選擇
一支慣用的筆刷。示範中選用的是
紋理筆刷 3，可開啟預測性筆觸，
讓原本的照片加入你的創意。

＊置入照片請參考 P.13。

可以多加利用前面畫過的物件，及 PART 3 的裝飾元素們，大膽加入自己的創意，分享給更多人！

運用畫好的物件

置入想使用的照片，運用前面章節繪製的物件，使用 P.98 的小麻雀，開啟預測性筆觸手寫文字，就可為照片增加不同的創意囉！來試試看吧！：D

做一張電子卡片

置入想使用的照片，開啟 PART 3 的彩帶，打上想放的文字，使用 P.70 的花朵，排列成花邊，再加上一些植物點綴，就能設計出一張可愛的電子卡片喔！

有時若覺得完成一整張作品或一個物件，太費力，不妨就使用「照片＋小元素」的技巧，也是一種能盡情發揮創意和紓壓的好方法。

讓電繪作品被看見

將自己的創作帶入生活中，也大方分享出去，
讓更多人看見創作的美好。

社群 PO 文

把畫好的作品，放在社群與大家分享，不僅能一邊享受創作的樂趣，也可以藉由作品與他人產生互動；當作品得到回饋時，也就更有動力繼續創作哦！

Feeling's Tips

運用手機電繪的方便性，隨時隨地開始創作自己的作品，讓畫畫成為日常的生活癒療。時常觀察生活中的人事物，也將會發現很多意想不到的新事物呢！

手機桌布

再也不需要去下載其他的桌布囉！將自己喜愛的作品設為手機桌布吧！把可愛的毛小孩畫成電繪作品，每天打開手機就可以看到，並且獨具個人風格。當然，也可以運用前面章節的圖案排版技法，排列出設計感十足的桌布。

電子卡片

在這個社群與手機通訊的時代，有時很難有機會去寫和寄出實體卡片。既然如此，不如多加運用手機電繪的一些小技巧，製作出充滿創意和個人風格的電子卡片，發送或 PO 在社群，給予你重視的人一個美好的禮物吧！

希望這本書，能帶給各位，
一點平靜，一點力量。

FEEL THE MOMENT
我們能從畫畫中找到療癒感，
更能用自己的作品溫暖更多人。

也期盼大家在讀完這本書後，
都能找回創作的初心：）

療癒風超手感電繪

4 大技法 x 12 種風格筆刷 x 60 支示範影片
只要一支手機，就能隨心所欲的自由創作

作　　　者 ｜ 鄭斐齡
封面設計 ｜ 蕭旭芳
內文排版 ｜ 王氏研創藝術有限公司
書籍企劃 ｜ 周書宇
責任編輯 ｜ 周書宇

出　　　版 ｜ 境好出版事業有限公司
總 編 輯 ｜ 黃文慧
主　　　編 ｜ 賴秉薇、蕭歆儀、周書宇
行銷總監 ｜ 祝子慧
會計行政 ｜ 簡佩鈺

地　　　址 ｜ 10491 台北市中山區松江路 131-6 號 3 樓
粉 絲 團 ｜ https://www.facebook.com/JinghaoBOOK
電　　　話 ｜ (02)2516-6892
傳　　　真 ｜ (02)2516-6891

發　　　行 ｜ 采實文化事業股份有限公司
地　　　址 ｜ 10457 台北市中山區南京東路二段 95 號 9 樓
電　　　話 ｜ (02)2511-9798
傳　　　真 ｜ (02)2571-3298
電子信箱 ｜ acme@acmebook.com.tw
采實官網 ｜ www.acmebook.com.tw

法律顧問 ｜ 第一國際法律事務所　余淑杏律師

定　　　價 ｜ 450 元
初版一刷 ｜ 2021 年 4 月

國家圖書館出版品預行編目資料

療癒風超手感電繪：4 大技法 x 12 種風格筆刷 x 60 支示範影片，
只要一支手機，就能隨心所欲的自由創作 / 鄭斐齡著 . -- 初版 .
-- 臺北市：境好出版事業有限公司 , 2021.04
　面；　公分
ISBN 978-986-06215-1-8(平裝)

1. 電腦繪圖 2. 繪畫技法
312.86　　　　　　　　　　　　　　　　　110002684

ADONIT **DASH 3**

極細筆尖式觸控筆

筆記繪圖皆適用

極細速寫觸控筆搭配您的智慧型手機或平板，啟動無限創造想像力。

極細筆觸

全新的Dash 3採用優化材質的筆尖，可替換的筆尖讓您方便使用。

即壓即用

輕按筆身頂端按鈕開啟電源，無須連接任何應用程式，即可感受真實流暢的書寫體驗。

磁吸式充電設計

附USB磁吸充電座，持續使用可長達14小時，45分鐘內即可完成充電。

相容性

Dash 3 適用於多數的 iOS 觸控螢幕與多數的 Android 裝置。

2018年及更新版iPad推薦購買

Adonit Note
具有「防掌誤觸」功能。

Adonit Note+
具有「防掌誤觸」「傾斜筆刷」，連接特定APP可使用「壓力感應」「雙快捷鍵」。

請至蝦皮商城購買
https://shopee.tw/adonittw

境好出版

10491 台北市中山區松江路 131-6 號 3 樓

境好出版事業有限公司　收

讀者服務專線：02-2516-6892

有點煩的日子，一起畫畫吧！

療癒風
超手感電繪

4大技法 × 12種風格筆刷 × 60支示範影片

鄭斐齡 fueling 著

| 讀者回饋卡 |

感謝您購買本書，您的建議是境好出版前進的原動力。請撥冗填寫此卡，我們將不定期提供您最新的出版訊息與優惠活動。您的支持與鼓勵，將使我們更加努力製作出更好的作品。

讀者資料（本資料只供出版社內部建檔及寄送必要書訊時使用）

姓名：＿＿＿＿＿＿＿＿＿　性別：□男　□女　出生年月日：民國＿＿＿年＿＿月＿＿日

E-MAIL：＿＿＿＿＿＿＿＿＿＿＿＿＿＿＿＿＿＿＿＿＿＿＿＿＿＿＿＿＿＿

地址：＿＿＿＿＿＿＿＿＿＿＿＿＿＿＿＿＿＿＿＿＿＿＿＿＿＿＿＿＿＿＿＿

電話：＿＿＿＿＿＿＿＿　手機：＿＿＿＿＿＿＿＿＿　傳真：＿＿＿＿＿＿＿＿

職業：□學生　　　　　□生產、製造　　□金融、商業　　□傳播、廣告　　□軍人、公務
　　　□教育、文化　　□旅遊、運輸　　□醫療、保健　　□仲介、服務　　□自由、家管
　　　□其他

購書資訊

1. 您如何購買本書？
　　□一般書店（縣市 書店）　　□網路書店（書店）　　□量販店　　□郵購　　□其他

2. 您從何處知道本書？
　　□一般書店　　□網路書店（書店）　　□量販店　　□報紙　　□廣播電社
　　□社群媒體　　□朋友推薦　　　　□其他

3. 您購買本書的原因？
　　□喜歡作者　　□對內容感興趣　　□工作需要　　□其他

4. 您對本書的評價：（請填代號 1. 非常滿意 2. 滿意 3. 尚可 4. 待改進）
　　□定價　　□內容　　□版面編排 ·　□印刷　　□整體評價

5. 您的閱讀習慣：
　　□生活飲食　　□商業理財　　□健康醫療　　□心靈勵志　　□藝術設計　　□文史哲
　　□其他

6. 您最喜歡作者在本書中的哪一個單元：＿＿＿＿＿＿＿＿＿＿＿＿＿＿＿

7. 您對本書或境好出版的建議：＿＿＿＿＿＿＿＿＿＿＿＿＿＿＿＿＿＿＿